流体机械的磨损与减摩技术

庞佑霞　朱宗铭　梁亮　张昊　著

U0302657

机械工业出版社

CHINA MACHINE PRESS

流体机械的磨蚀问题广泛存在于水利水电、能源动力、冶金化工、交通运输以及航空航天等行业，是造成流体机械失效的重要原因之一。本书从摩擦学、微流边界层理论出发，分析了沙粒在边界层的动力学特性，推导了冲蚀磨损磨痕尺寸的预估模型；在空蚀磨损研究中，以空泡动力学方程为基础，分析了空泡溃灭过程中的力学冲击，并论述了在空泡溃灭冲击下疲劳微裂纹产生和扩展过程；在冲蚀与空蚀交互磨损研究中，分析了空泡和沙粒的相互作用以及动力学特性，根据磨损试验数据对交互磨损过程进行了解析计算，得到了交互磨损的预估模型；在流体机械磨蚀的抗磨与减摩对策研究中，详述了一种微/纳米抗磨复合涂层以及一种石墨自润滑减摩材料。全书共6章，包括绪论、流体机械的磨损试验装置、冲蚀磨损、空蚀磨损、冲蚀与空蚀交互磨损、流体机械减摩抗磨技术。

　　本书可为机械、水利、材料等专业的科研及工程技术人员提供流体机械抗磨设计和工程修复方面的理论和实践的参考。

图书在版编目（CIP）数据

　　流体机械的磨损与减摩技术 / 庞佑霞著. —北京：
机械工业出版社，2016.6
　　ISBN 978-7-111-54093-9

　　Ⅰ. ①流…　Ⅱ. ①庞…　Ⅲ. ①液体机械—磨损—研究
②液体机械—减摩—研究　Ⅳ. ①TH117

　　中国版本图书馆 CIP 数据核字（2016）第 140652 号

机械工业出版社（北京市百万庄大街 22 号　邮政编码　100037）
策划编辑：梁福军　责任编辑：梁福军　加工编辑：岑　伟
版式设计：杨　林　封面设计：傅瑞学
北京科信印刷有限公司印刷
2016 年 7 月第 1 版·第 1 次印刷
175mm×245mm·12.75 印张·250 千字
标准书号：ISBN 978-7-111-54093-9
定价：60.00 元

前　言

　　流体机械的磨蚀问题广泛存在于水利水电、能源动力、冶金化工、交通运输以及航空航天等行业，是造成流体机械失效的重要原因之一。研究流体机械的磨蚀以及抗磨与减摩对策，对流体机械的优化设计、抗磨修复，提高其运行效率，改善其综合性能，延长使用寿命等有着重要的理论意义。

　　流体机械的磨蚀是一个多学科交叉课题，涉及机械学、流体动力学、摩擦学、材料学、腐蚀与防护等理论。流体机械的磨蚀受到一系列因素的影响，过程非常复杂。从流体机械发展之初，其磨蚀机理就一直是学者研究的热点。冲蚀磨损研究从流体机械出现就已经开始，历史最为悠久。冲蚀磨损，一般是指流体或沙粒以一定的速度和角度冲击叶片表面，造成叶片表面材料损耗的一种磨损形式。空蚀磨损现象是 20 世纪初才开始被人们所了解，对其的研究在 20 世纪 30 年代得到飞速发展。空蚀磨损是当液体流过物体表面时，由液体内部压力的起伏引起液体蒸气以及溶于液体中的气体空穴（空泡）的形成、生长及溃灭的空化过程，而使材料表面发生破坏的一种磨损形式。在实际工况中，一般是冲蚀与空蚀磨损并存，其产生的危害比单一冲蚀或空蚀磨损更大。冲蚀和空蚀的联合损伤将更易导致流体机械金属表面发生破坏，产生振动和噪声，造成设备效率降低，频繁大修，甚至短期报废。

　　近年来，各国学者对流体机械的摩擦学与抗磨理论和技术的发展非常重视，研究热点主要集中在流体机械过流部件内部流场分析、转轮（或叶轮）材料的冲蚀或者空蚀磨损机理、防磨措施、磨损修复的理论与实践等领域。冲蚀研究主要集中在固体颗粒的运动轨迹和数值模拟、不同材料和叶片表面对冲蚀磨损性能影响等方面；空蚀磨损主要集中在磨粒和孔洞的关系研究、磨损坑的大小测量、磨痕表现出的形状特征以及特定材料对空蚀性能的影响等方面。

　　所以，目前对流体机械的磨损研究都是只分别考虑冲蚀与空蚀磨损对设备失效的影响，孤立地分析磨粒或者空泡的运动，以求得过流部件的磨损规律；很少有将固-液-气多相流边界层的流动特性和冲蚀与空蚀交互作用磨损机理相结合的研究成果，无法真正揭示流体机械叶片微流边界层中的磨损机理。冲蚀与空蚀交互磨损是近年来的研究热点。工程中，由于冲蚀和空蚀交互作用对水轮机磨损的影响因素众多，加之试验和数值模拟条件的限制，所以到目前为止，研究人员对其冲蚀与空蚀交互作用的磨损机理研究不多，也没有取得突破性的进展。

　　结合现有条件，在前期研究基础上，对流体机械过流部件冲蚀与空蚀交互作用的磨损机理开拓新的研究思路，寻找新的研究方法就显得非常重要。由于影响冲蚀、空蚀磨损及两者交互作用的因素既有速度、压力、温度等流场参数，又有沙粒和材料特性等，流体机械转轮（叶轮）冲蚀磨损或者空蚀磨损以及它们的交互作用引起的磨损常发生在叶片表面，所以只有在考虑冲蚀与空蚀交互作用的基础上，研究磨粒和空泡的流动规律以及它们的相互干扰及破坏机理，建立其数理模型，才能深入地揭示叶片微流边界层中的磨损机理，为进一步开展流体机械抗磨设计提供一定的理论依据。

本书是作者总结多年的研究成果编写而成。基于已有和自行研制的冲蚀、空蚀仪器设备，转盘式冲蚀与空蚀交互磨损试验装置、冲击式冲蚀与腐蚀磨损试验系统，从通过数值分析和试验验证研究了冲蚀磨损、空蚀磨损以及冲蚀与空蚀交互磨损对流体机械磨蚀的作用机理；分析了流场动力学参数以及物理学参数对冲蚀、空蚀以及交互磨损的影响；最后在研究的基础上提出了流体机械的抗磨与减摩措施。在冲蚀磨损研究过程中，从微流边界层理论出发，阐述了涡的猝发过程，分析了沙粒在边界层的动力学特性，并推导了冲蚀磨损磨痕尺寸预估模型。在空蚀磨损研究中，以空泡动力学方程为基础，分析了空泡溃灭过程中的力学冲击，并论述了在空泡溃灭冲击下疲劳微裂纹产生和扩展过程。在冲蚀与空蚀交互磨损研究中，分析了空泡和沙粒的相互作用以及动力学特性，根据磨损试验数据对交互磨损过程进行了解析计算，并得到了交互磨损的预估模型。在流体机械磨蚀的抗磨与减摩对策研究中，详述了一种微/纳米抗磨复合涂层以及一种石墨自润滑减摩材料。

本书的研究工作得到了国家自然科学基金项目："叶片微流边界层冲蚀与空蚀交互磨损机理研究"（编号：5097532）、"两相流场中舰船冲蚀和腐蚀耦合效应的摩擦学行为研究"（编号：51475049）和"多相流作用下铜合金表层组织演变及腐蚀磨损耦合行为研究"（编号：51171216）支持。在项目的科研过程中，长沙学院唐勇教授、许焰教授、刘辉教授近十年来与作者通力合作为流体机械磨损理论的研究做了很多的工作，并得到了重庆理工大学黄伟九教授、湘潭大学谭援强教授、湖南科技大学郭源君教授的帮助与指导，同时引用了一些国内外学者的研究成果，特此向支持和关心作者研究工作的所有单位及个人表示衷心的感谢。

由于作者水平有限，尽管在本书的撰写以及编排过程中竭尽了全力，但还是不能修正所有错误，书中有不妥之处，恳请读者不吝批评和指正。

庞佑霞　朱宗铭　梁亮　张昊

2016 年 5 月　于长沙

目　　录

第1章 绪论

1.1 流体机械简介

流体机械是使流体内能与机械能之间转换，或在机械内部流体之间实现能量转换的一种机械，包括水轮机、泵和马达等。由于流体机械的用途不同，其工作原理、结构以及工作介质的温度、流量和压力的差别很大。从工作原理上，流体机械可分为容积式和动力式，其中，容积式是通过运动元件处于不同位置时，工作容积发生变化来实现能量转化的；而动力式是由旋转的叶片使流体之间的作用力发生变化来转换能量的。以水轮机为例，可以从其结构和工作原理来说明。

（1）水轮机的结构

水轮机可分为反击式和冲击式两大类。反击式水轮机由蜗壳、导水机构、转轮、尾水管等组成。根据转轮区域液流方向，可分为混流式、轴流式、斜流式和贯流式；冲击式水轮机由喷嘴、转轮、机壳等组成，根据射流冲击水斗的方式，可分为水斗式、斜击式和双击式。目前反击式水轮机最为普遍，图 1-1 是一种常见反击式水轮机的结构示意图。

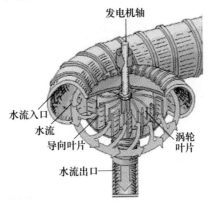

图 1-1　反击式水轮机结构图

（2）水轮机的工作原理

如图 1-1 所示，当水流经过转轮叶片时，由于叶片的存在使水流的压力、流速的大小和方向发生改变，而流体的反作用力则是推动转轮叶片，从而使转轮的轴获得扭矩。换言之，冲击式水轮机是利用水流的动能，通过喷嘴把高压水流冲向转轮叶片，使转轮旋转的机械设备。

1.2 流体机械的磨损形式

我国主要河流代表水文站总输沙量为 2.67 亿 t，黄河和长江代表站的输沙量均占代表站总输沙量的 42%；黄河和塔里木河代表站平均含沙量较大，分别为 5.42 kg/m^3 和 1.32 kg/m^3[1]。我国主要河流的含沙量如表 1-1 所示。

表 1-1 我国河流代表水文站实测水沙特征值

特征	黄河（龙门）	长江（宜昌）	淮河（鲁台子）	海河（漕河）	珠江（柳州）	钱塘江（兰溪）	塔里木河
年输沙量（万 t）	5 680	3 510	111	0.28	873	115	280
年平均含量/（kg/m^3）	5.42	0.092	0.085	0.025	0.259	0.088	1.32

流体机械的磨损形式与其工作的环境密切相关。我国河流多泥沙，尤其是汛期更甚，在浑水中工作的机械设备不可避免地存在着严重的泥沙冲蚀与空蚀磨损。这导致流体机械过流部件破坏加剧，机组效率下降、使用率和可靠性降低，危及安全运行或是引起频繁检修，从而造成了重大的经济损失。

三门峡水电站运行初年，多年平均输沙量达到 16 亿 t，平均含沙量为 37.6 kg/m^3[2]。水轮机长期饱受高含沙水流磨损，过流部件遭受严重破坏，机组效率降低 10%以上，叶片磨蚀接近报废。刘家峡电厂水轮机过流部件长期承受泥沙磨蚀所带来的严重磨损，尤其从 1978 年汛期后，坝前 1.5 km 死库容被泥沙填满，大量泥沙推移到坝前，过机泥沙大增，磨蚀严重[3]。龙羊峡水电站自发电以来，一直受到空蚀破坏的困扰，检修中发现水轮机的转轮叶片出水边以及流道出口都有不同程度的磨蚀区，其中出口磨蚀区的范围达到了 250 mm×100 mm，深度进 10 mm[4]。小浪底水电站位于黄河中游最后一段峡谷出口，黄河中游流经黄土高原后，河水携带了大量的泥沙，水力磨蚀是造成水轮机设备失效的最主要因素之一[5]。

流体机械磨蚀不是孤立的泥沙冲蚀或是空蚀磨损，而是二者的联合作用的结果。目前的研究还缺乏对沙水气三相流场的科学认识，往往单独的从冲蚀或空蚀角度分析磨蚀破坏机理，认为磨蚀破坏结果偏重哪方面便认为是这类磨损。而实际中冲蚀与空蚀的联合作用往往比单独的冲蚀或空蚀更加严重，两种磨损相互耦合，相互促进，加速了流体机械工况条件的恶化。所以，运用科学技术来避免或减弱流体机械过流部件磨蚀问题，对减少检修费用以及停机带来的损失，提高设备运行效率，具有重大的经济意义和社会意义。

1.2.1 流体机械冲蚀磨损

冲蚀磨损（erosion wear）是指材料受到小而松散的流动粒子冲击时表面出现破坏的一类磨损现象。根据流动介质的不同，可将冲蚀磨损分为两大类：气流喷砂型冲蚀及液流或水滴型冲蚀。流动介质中携带的第二相可以是固体粒子、液滴或气泡，它们有的直接冲击材料表面，有的则在表面上泯灭从而对材料表面施加机械力。如果按流动介质及第二相排列组合，则可把冲蚀分为如下四种类型。

表1-2　冲蚀按介质分类

冲蚀类型	主要介质	第二相	实例
喷砂型喷嘴冲蚀	气体	固体粒子	输运管道
水滴冲蚀	气体	液滴	飞行器、导弹
泥浆喷嘴冲蚀	液体	固体粒子	泥浆泵杂质泵
气蚀喷嘴冲蚀	液体	空泡	螺旋桨、水轮机

流体机械中的冲蚀磨损是指水流中的固体颗粒对材料表面的冲刷磨损现象。冲蚀磨损广泛存在于各种流体机械中，是现代工业生产中常见的一种磨损形式，是造成机器设备及其零部件损坏报废的重要原因之一。图1-2是材料表面的冲蚀磨损磨痕，从图可以看出，冲蚀磨损在材料的表面沿着水流方向形成了明显的冲蚀痕迹，这种破坏在有缺陷的材料表面更加明显。

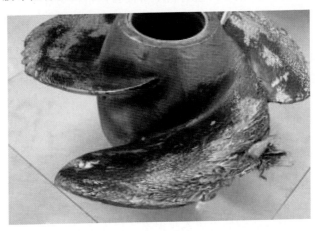

图1-2　水轮机叶片冲蚀磨损

1.2.2 流体机械空蚀磨损

空蚀磨损是空化引起的结果。当液体内局部压力降低时，液体内部或液固交界面上空穴的形成、发展和溃灭的过程就是空化。

空蚀磨损主要是指湍流中压力梯度的变化造成气泡破裂，冲击金属表面、产生大的局部应力，破坏材料表面结构的现象。在慢速流体机械中这种现象并非严重问题，但在高速旋转类机械中这种现象会导致机械磨损破坏，产生振动、噪声，从而大幅度降低了机械的工作效率。图 1-3 为水轮机叶片的空蚀磨损，图中可以看出，水轮机的叶片遭到了严重的破坏，在叶片沿水流方向的边缘破坏最严重，有的叶片甚至已经被蚀穿。

图 1-3 水轮机叶片的空蚀磨损

影响空蚀磨损的原因很多，就材料本身而言，材料的种类、金相结构、材料的热处理以及表面处理工艺等在抗空蚀性能上都大不相同。对于金属材料，表面硬度较高时，抗空蚀能力强；结晶粒度愈细，抗空蚀性能愈好。表面有致密而坚固的表面膜层时，可大大延缓空蚀破坏的发展过程。材料表面上任何凹痕、凸起、划痕或者锋利的锐角等都可以促进空蚀的加剧，即使涂上保护层，材料对抵抗空蚀现象也不会改善。流体机械的工作环境也对空蚀作用有重大影响，包括工作压力、水流流速、环境温度以及流体杂质等。

1.2.3　流体机械空蚀与冲蚀交互作磨损

空蚀与冲蚀交互磨损是冲蚀磨损与空蚀磨损的复合作用，它比空蚀和冲蚀单一作用更加复杂，对机械的损害更大。在流体机械中空蚀与冲蚀交互作用普遍存在，但将他们一起共同研究的人还不是很多。现在业界对其具体的作用机理还没有定论，对于这方面的研究在国内外都处于上升期。图 1-4 是湖南省郴州市芙蓉水电站水轮机转轮叶片冲蚀与空蚀交互磨损情况，由于冲蚀和空蚀的联合作用在叶片末端沿水流流向形成了清晰磨痕，沿着叶片的方向磨痕由浅到深，最终将叶片磨穿，磨损主要发生在叶片的外缘处。

图 1-4 交互作用对水轮机的破坏

1.3 流体机械磨损研究现状

流体机械从发展之初，其磨损一直是人们研究的热点。根据上面的磨损分类，分别介绍冲蚀磨损、空蚀磨损以及冲蚀与空蚀交互磨损的研究现状。其中冲蚀磨损机理研究从流体机械出现就已经开始，历史最为悠久；空蚀磨损现象是 20 世纪初才开始被人们所了解，在二战期间得到飞速发展；空蚀与冲蚀交互磨损是近年来的研究热点，对于它的作用机理还没有具体的理论和模型可以给出合理解释。

1.3.1 冲蚀磨损研究简介

冲蚀磨损研究的发展，经历了最初的试验与理论分析、计算机数值模拟以及抗冲蚀材料的研究等阶段，已经取得了很多的研究成果。

（1）冲蚀磨损理论方面研究

最早的冲蚀磨损计算模型是由 FINNIE[6]于 1958 年提出：他认为塑性材料的冲蚀磨损是固体粒子扫略过材料表面，对材料形成切削作用而导致材料的迁移的结果，即冲蚀磨损的微切削理论。但是当时他没有将冲蚀磨蚀过程中颗粒对材料表面的冲击以及材料表面的弹性考虑进来。BITTER[7]在 FINNIE 的研究基础上，将沙粒的冲蚀磨损分为两类：切削磨损和变形磨损。当沙粒以较小的冲角冲击材料表面时，沙粒切向划过材料表面，这过程主要是切削磨损。当材料表面受到沙粒较大的冲蚀角冲击时，将会引起材料的疲劳破坏，在大量的沙粒撞击下，材料的结构将会受到破坏，形成变形磨损。LEVY 等[8]发现沙粒对材料表面的冲蚀磨损是靶材表面材料不断受到挤压产生高度变形的唇片。在唇下面形成的加工硬化区又起促进了表面层唇片的形成。在沙粒不断的冲击下材料表面形成的唇片将会剥落下来。这个理论较好地解释了显微切削模型难以解释的现象，是当前塑性材料冲击磨损中比较有新意的理论。

（2）计算机数值模拟

到了 20 世纪 90 年代之后，计算机已经普遍用到冲蚀磨损的数值模拟研究中。QIAN 和 ARAKAWA 等[9]开发了三维数值计算程序用来模拟通过水轮机水流的流态。在回流现象中考虑流体黏性，并利用雷诺应力模型来计算靠近水泵进出口处的涡流强度。CHEN 等[10]通过有限元建模分析，数值模拟了复合材料在颗粒冲蚀磨损下的磨蚀特性。ASCHENBRENNER 等[11]提出了欧拉法结合纳维尔-斯托克斯方法，数值模拟混流式水轮机的内部流态。BOZZINI 等[12]建立了冲蚀-腐蚀磨损的数值仿真模型，研究了多个参数对冲蚀磨损模型和腐蚀磨损模型的影响。

易卫国等[13]运用 Fluent 里面的 DPM 模型分析了沙粒粒径以及沙粒速度对冲蚀磨损的影响。吴波等[14]应用雷诺涡粘模型结合离散相流动模型和压力耦合流场计算法，对渣浆泵全流道内固液两相湍流场的固相颗粒的冲蚀行为进行数值模拟。研究了泵转速、固相粒径和叶片参数对泵冲蚀磨损的影响。谢文伟等[15]总结了几种经典的冲蚀磨损理论模型，分析了各个模型的优缺点，并且认为影响冲蚀磨损模拟的准确性的关键技术包括材料本构模型、失效准则、数值计算算法，接触计算算法等。张燕梁等[16]利用有限元软件 ANSYS/LS-DYNA，对光滑试件和凸包形、凹槽形表面形态的 45 钢试件的耐冲蚀性能，进行了三维数值模拟，计算冲蚀磨损过程中等效应力的变化情况。石晓飞[17]数值模拟了风沙流的冲蚀磨损，发现稳态风沙流造成的冲蚀磨损发生在近地表处，一般发生于 0.2 m 以下高度。风速和沙粒特性对风沙流的冲蚀磨损有重大影响。

（3）冲蚀磨损试验

冲蚀磨损过程复杂，工况条件、试验材料对磨损结果有重大影响。到目前为止还没有完善的模型来解释所有的冲蚀磨损现象。众多学者也一直致力于这方面的试验研究与分析。

庞佑霞等[18-21]对稳流场中的冲蚀磨损过程进行了理论分析，研究了冲蚀磨损磨痕形成过程并估算了磨痕的尺寸。并且发现涡的猝发过程对冲蚀磨损有重大影响。在研究过程中还得出了冲蚀速度、沙粒浓度以及沙粒粒径这三个因素对冲蚀磨损的具体影响规律。

刘柄等[22]采用旋转冲蚀磨损试验对比研究了冲蚀角度对共晶成分铝锰合金和 Al_2O_3 颗粒增强铝锰基复合材料抗冲蚀磨损性能的影响规律。廉晓庆等[23]研究了耐火材料常温耐压强度和抗折强度与冲蚀磨损率的关系，利用线性回归得到了耐火材料强度与冲蚀磨损率的数值关系。张继信等[24]分析冲蚀磨损机制以及冲蚀角度和冲蚀速度对 30CrMo 合金钢冲蚀性能的影响。姜心等[25]研究了不同冲蚀角度下 40CrNi2Mo 合金钢材料的冲蚀磨损机制。李庆堂等[26]比较分析了温度、冲蚀角度和试样表面氧化膜等因素对 304 和 310s 耐热钢冲蚀磨损率的影响规律。方辰等[27]304 不锈钢为试材研究了温度对冲蚀磨损的影响，发现 800℃条件下冲蚀磨损量最大。杨可等[28]分析了氮合金化堆焊硬面合金的冲蚀磨损机理，发现其磨损机制主要为微切削磨损。此外，许多学者对液固两相流中众因素对材料冲蚀磨损的性能影响方面也做了深入研究[29-30]。

（4）抗冲蚀涂层的发展

研究中发现在冲蚀磨损下过流部件的失效并非整体断裂，而是磨损造成接触表面或表层损坏。随着高分子材料以及材料表面处理技术的发展，越来越多的研究者趋向于研究抗冲蚀磨损材料的表面处理。表面处理的意义在于提高表面硬度、改变摩擦学特性、降低黏着倾向，提高抗蚀抗氧化能力，形成表层残余压应力等。

郭源君[31-32]对水轮机弹性涂层的抗冲蚀性能进行了深入研究；得到了流体中粒子运动微分方程；分析了弹性涂层的波动应力、固化内应力、湿热特性与湿热应力以及涂层表面与粒子冲击接触过程的动应力；并阐述了水机涡轮流道弹性涂层的结构设计及制备工艺。张俊等[33]对电弧喷涂 Ni-Ti 涂层冲蚀磨损性能进行了研究，发现涂层的相结构、显微组织、层间结合力、NiTi（B2）相具有的超弹性以及环境温度对涂层耐冲蚀磨损性能有重要作用，而显微硬度与涂层的冲蚀磨损性能无明显的联系。富伟等[34]研究了陶瓷涂层的冲蚀磨损性能。他们认为随着冲蚀次数的增加以及冲蚀角度的增大涂层的累积质量损失呈现线性增加趋势。代廷海等[35]研究发现三氧化二铝颗粒增强铝锰基复合材料较铝锰合金具有较好的抗冲蚀磨损性能。

此外，冲蚀磨损的研究开始运用到仿生方面。吉林大学韩志武教授研究小组[36]深入研究了黄肥尾沙漠蝎子的抗沙漠冲蚀特性。从沙漠蝎子利用体表背板抵御沙漠风沙侵蚀获得灵感，提出了抗冲蚀功能表面多元仿生综合设计原理，这些发现有助于采用仿生功能表面解决直升机旋翼、火箭发动机喷嘴、涡轮叶片、管道和其他机械零件表面损伤的难题，还给材料科学领域带来了许多新的发展机会。同时他们研究发现红柳体表的特殊形态能有效降低风沙冲蚀对机体的损伤，提高抗冲蚀性能，并将研究成果运用到了离心风机的优化设计中[37]。

多年来，国内外研究人员对冲蚀磨损进行了一些初步的研究，分析了冲蚀磨损的机理，在某些研究方面取得了较大突破，例如：冲蚀磨损机理及影响因素的研究、冲蚀磨损的数值模拟以及抗冲蚀材料的表面处理等。冲蚀磨损是一个物理、机械、化学和电化学作用的综合过程，实际工况错综复杂，这给研究带来了极大的困难。到目前为止，不论是试验还是数值模拟大都简化了实际工况条件，还没有一个完整的理论来解释所有的冲蚀磨损问题。

1.3.2　空蚀磨损研究简介

早在 1754 年欧拉就首先从理论上预言，流体可能发生空蚀。1839 年 BESANT 及 1873 年 REYNOLDS 开始在实验室对空化进行研究。1917 年 RAY1EIGH[38]比较系统地提出了空化理论,建立了描述自由空泡运动的方程.在此基础上,PLSEET等[39-40]进一步研究得到了著名的Rayleigh-Plesset方程,形成了空泡动力学的基础。刘小兵等[41]在总结前人工作的基础上,从理论上较全面地分析了空泡在任意流场中的受力和影响因素,建立了空泡在任意流场中运动的三维控制微分方程。随着对空蚀现象的观察和研究的不断深入,人们逐渐认识到空蚀破坏是一种复杂过程,先后提出了电化学作用论、热学作用论、力学作用论。

（1）空蚀磨损理论模型

电化学作用论是1949年由PETRACCHI[42]提出,他认为空蚀中存在电化学反映。张秀丽等[43]通过试验验证了金属空蚀破坏过程中电化学腐蚀对空蚀起重要作用,力学作用与腐蚀作用互相促进,二者的联合作用引起的材料破坏常常要比这两种作用单独产生的破坏总和大得多。但是PLESSET[42]的研究指出,阴极保护的作用机制可能在于对腐蚀本身的抑制,或者是由于在金属表面产生的自由氢起了气垫的作用。因此电化学腐蚀作用并非空蚀的必要条件。

热学作用论认为空泡溃灭过程所产生的高温是形成空蚀的主要原因。空泡溃灭时,其中含有的气体温度很高,这些热气体与物体表面接触时,将使物体表面局部加热到熔点,使局部强度降低而破坏。空蚀过程中气泡溃灭只有微秒级的时间,根本来不及把热量传递出去,这样就会引起局部地区的瞬时高温,破坏材料的表面结构[44]。但是,KNAPP等[42]指出:在空泡溃灭的最后阶段会产生很高温度,但是气体必须直接与表面接触才会有大量热量被传导到表面。但实际上在液流中,溃灭空泡与表面之间往往被一定体积的液体所隔开。所以热学作用在一些特定的情况下对表面破坏起到重要的作用,但并不是造成空蚀破坏的必要因素。

库斯、瑞利提出了"力学作用论",他们认为汽蚀的破坏作用是由于球形或者半球形的空泡溃灭,产生强烈的水锤作用,引起金属表面局部塑性变形和局部硬化,从而使材料产生疲劳现象、发生微少裂缝,导致金属表面剥落。力学作用论认为力学作用是导致空蚀的主要原因,仅力学冲击一项,其强度就足以破坏任何一种材料[45]。目前关于空蚀破坏的力学作用机制主要包括微射流和冲击波两种理论。

微射流理论在1944年由KORNFELD等首先提出。该理论认为,当空泡在压力梯度作用下或在边界附近溃灭时,会形成一束微型射流,从分裂的气泡中通过,冲向边壁,造成空蚀破坏。RATTRAY论证了射流形成的可能性;NAUDE等给出了轴对称条件下,吸附于固体壁面上的半球形空泡溃灭时形成冲击固体壁面的微射流的数学分析。微射流冲击作用的大小取决于空泡的直径、溃灭点的位置等因素,强的冲击可以直接造成壁面的破坏;而较弱的冲击反复作用则可能使壁面材料疲劳破坏[46]。近年来德国的DULAR在这方面的研究比较突出,他总结并阐述了空泡的微射流机理。

冲击波理论认为空泡溃灭产生巨大的溃灭压力,强烈压缩周围的介质而形成压力冲击波，并从溃灭中心作球状辐射波传播[47]。美国的 PESHKOVSKY 以及德国的 LAUTERBO RN 等发现，空泡溃灭过程中会辐射出球面冲击波，直接作用在材料表面，造成空蚀破坏。薛伟等[48]也发现空泡收缩过程中，由于泡内非溶解气体的可压缩性，空泡收缩到最小尺寸以后，泡内压力将大于泡外压力，于是空泡急速反向膨胀，在液体中产生冲击波，反向膨胀速度越大，冲击波的强度越大，可使边壁材料发生塑性变形。MATSUMOTO 等[49]用高速摄像方法捕捉到了空泡溃灭的过程：在 1 微秒内高速溃灭的空泡所形成的冲击波的压强可达到几百兆帕。MATSUMOTO 推断空蚀冲击波造成的疲劳现象可能是表面材料破坏的主要原因。

（2）计算机数值模拟

计算流体动力学（Computational fluid dynamic，CFD）很早就被运用到了流体机械的模拟仿真中。最开始流体计算只能用来指导流场设计，没有发挥出它的强大优势。随着计算机技术的日益成熟，一些专门用来求解流体动力学方面问题的商业软件得到飞速发展。这些软件也多数被研究流体方面的学者所掌握，并且用到实际中模拟流场问题。

胡影影等[50]在数值模拟中通过构造精度较高的 Youngs 方法计算原始变量的 Navier-Stokes 方程，模拟空泡距固壁不同位置时溃灭对固壁造成的空蚀破坏；计算发现空泡溃灭产生高压脉冲相对于高速射流对空蚀形成起主导作用。李疆等[51]运用 Fluent 软件环境，采用 VOF（Volume of Fluid）模型和非稳态方法求解 Navier—Stokes 方程，模拟了近壁的空泡溃灭过程。他们发现在近壁面，空泡将形成非对称溃灭，因水锤作用，引发高速水射流在壁面产生高压而形成空蚀破坏。杜特专等[52]采用分块网格模型，在基于动网格方法的非稳态空化流计算中很好地捕捉到完整的空化过程，进而分析了流场涡结构与空泡演化的机理。

（3）空蚀磨损的试验研究

最近学者进行了大量试验，研究了水流流场因素以及材料对空蚀过程的影响。李永健[53]通过试验研究了微颗粒对空蚀的影响，初步提出了空蚀初生期的发生机理：微颗粒是诱发空蚀的必要条件之一，微颗粒与空泡的联合体在近壁区运动，由于压力梯度变化使其发生溃灭，造成表面的空蚀破坏。刘诗汉等[54]研究了材料表面特性对空蚀程度的影响，分析了表面粗糙度、表面裂纹以及表面凸起对空蚀程度的影响。蒋娜娜等[55]研究了不同材料以及不同加工方法对空蚀破坏的影响，他们发现材料的硬度越高，其抗空蚀性能越好；同种材料采用不同的加工方法，使得表面微形貌和纤维组织产生了差别，进而影响了空蚀的形态。

总结国内外对空化和空蚀机理及其影响因素的认识和研究，我们知道空蚀破坏往往是一个复杂的过程，涉及力学、化学、电化学和热学等多种作用，在特定的环境下，化学腐蚀、电化学腐蚀和热学作用可能对表面的空蚀破坏起到极其重要的作用。力学作用是空蚀破坏的常规作用机制已经被大多数人认可。但力学作用的具体形式目前还存在一些争议：空蚀磨损的主导因素是微射流理论还是冲击波理论以及材料表面的空蚀破坏时单次空泡溃灭冲击的结果还是多次冲击的疲劳损伤行为。

1.3.3　空蚀与冲蚀交互磨损研究简介

空蚀与冲蚀交互磨损是一个包含多相流的复杂的问题，目前对它的研究还停留在试验分析以及数值模拟方面，其磨损的机理在业界还没有定论。

（1）冲蚀与空蚀交互磨损理论分析

牛权[56]研究了湍流拟序结构下的空蚀与泥沙磨损联合作用机理，从湍流的近壁拟序结构对近壁区小粒径的空泡与固体颗粒的运动规律的影响这一角度出发，对空蚀与泥沙磨损联合作用的机理作了初步的探讨。黄细彬[57]基于紊流的猝发理论，研究了高速含沙掺气水流中的磨蚀机理；分析了影响磨蚀的主要因素；建立了掺气时的泥沙对过流面的磨蚀率计算公式；并且提出采用掺气措施降低过流表面磨蚀率的方法。张涛等[58]分析了含沙水中空化现象对沙粒的作用规律：在空穴结构生长阶段中，空穴结构推动颗粒加速；在空泡云溃灭阶段，压力波或微射流则显著增大泥沙颗粒的运动速度。在两个阶段各自对颗粒速度的影响增大了冲蚀与空蚀交互作用的破坏能力。

（2）交互磨损试验研究

冲蚀与空蚀交互磨损的研究更多的是侧重试验研究。在影响冲蚀和空蚀联合作用的因素研究方面，李健等[59-60]研究了气泡含量对联合作用的影响规律。任岩等[61]研究了冲蚀与空蚀交互磨损中流体流速、含沙量、磨损时间三个因素对材料去除量的影响；并且得出了特定工况下它们的回归关系：材料的磨蚀量大约与流体流速的 3 次方、含沙量的 1 次方和时间的 1 次方呈正比。鲍崇高等[62]研究了冲蚀角度对材料磨蚀性能的影响。

材料不同冲蚀和空蚀交互作用的磨蚀状况不同。王再友等[63]从材料结构方面对 20SiMn 钢冲蚀和空蚀的失效行为进行了研究，提出 20SiMn 钢的冲蚀和空蚀失效主要是沿晶断裂和晶内蚀坑，是局部微区受机械力作用的结果。龙霓东等[64]研究了 ZCuAl8Mn14Fe3Ni2 合金的冲蚀、空蚀磨损过程，发现空化改变了沙粒的冲击方向，促进了冲蚀过程，使合金的损伤程度增大。但是没有说明材料表面空蚀坑的存在原因。常云龙等[65]研制出了一种具有良好抗磨蚀性能的亚稳奥氏体和硼化物共晶组织的 CrMnB 堆焊合金，并分析了其抗沙粒冲蚀和空蚀性能的原因。

庞佑霞等[66-69]建立了转盘式磨蚀试验台，通过一系列的试验，研究了空蚀孔径、沙粒大小、冲击速度、环境压力、冲蚀角对磨蚀过程的影响；并且研究了几种材料的抗蚀性能，得出了特定条件下材料的冲蚀与空蚀交互磨损规律。此外，还对冲蚀与空蚀交互作用过程还进行了数值模拟，分析了交互作用过程。对比了水轮机中冲蚀磨损、冲蚀与空蚀交互磨损现象。

冲蚀与空蚀交互作用的研究必须考虑三相流的共同作用，难以推导出动力学方程，所以很难从理论上来分析其作用机理。在之前的研究中，一般都从两相流方面建立动力学方程，没有将气泡的影响考虑进去。但在实际的交互作用过程中气泡对水流流向以及沙粒的影响是非常大的，所以之前的研究存在局限性。

流体机械的磨损是一个非常复杂的过程。鉴于流体机械流动的难以捕捉性，现阶段的主要研究手法还是集中在试验模拟与计算机仿真方面。其实这些研究中都简化了实际工况，并不能完全模拟实际中流体机械的工况。在试验方面，实验室通用的试验设备很难模拟出实际流动，特别是边界层涡的猝发过程。在计算机仿真方面，通常将流场假设为完全紊流的流场，分析其压力和速度分布规律；并且边界条件的处理还不够理想。对于今后流体机械磨损机理的研究要求相关研究人员研发接近实际工况的试验装置，配置相应的传感检测设备研究真实流场，或是发展更加实用的流体模型来模拟流场。

参 考 文 献

[1] 中华人民共和国水利部. 中国河流泥沙公报[M]. 北京: 中国水利水电出版社, 2009.

[2] 于维峰, 程书官. 三门峡水电站运行四十年水轮机过流部件防磨蚀材料总结[C]//北京: 中国水力发电工程学会 2007 年水轮发电机组稳定性技术研讨会论文集, 2007.

[3] 顾四行, 杨天生, 闵京声. 水机磨蚀[M]. 北京: 中国水利水电出版社, 2008.

[4] 国威. 龙羊峡水电厂水轮机空蚀状况及处理措施[C]//北京: 水轮发电机组稳定性技术研讨会论文集, 2007.

[5] 孔卫起, 李国怀, 王忠强. 小浪底水电站水轮机抗磨蚀技术特点[C]//北京: 中国水力发电工程学会水轮发电机组稳定性技术研讨会, 2007.

[6] FINNIE I. The mechanism of erosion of ductile metals[C]. 3rd US National Congress of Applied Mechanics, 1958, 527-532.

[7] BITTER J G A. A study of erosion phenomena part I[J]. Wear, 1963, 6(1): 5-21.

[8] LEVY A V. The platelet mechanism of erosion of ductile metals[J]. Wear, 1986, 108(1): 1-21.

[9] ARAKAWA C, QIAN Y, SAMEJIMA M, et al. Turbulent flow simulation of Francis water runner with pseudo-compressibility[C]. Proceedings of the Ninth GAMM-Conference on Numerical Methods in Fluid Mechanics. Vieweg+ TeubnerVerlag, 1992: 259-268.

[10] CHEN Q, LI D Y. Computer simulation of solid-particle erosion of composite materials[J]. Wear, 2003, 255(1): 78-84.

[11] ASCHENBRENNER T, RIEDEL N, SCHILLING R. Fluid flow interactions in hydraulic machinery[M]. Hydraulic Machinery and Cavitation. Springer Netherlands, 1996: 150-159.

[12] BOZZINI B, RICOTTI M E, BONIARDI M, et al. Evaluation of erosion–corrosion in multiphase flow via CFD and experimental analysis[J]. Wear, 2003, 255(1): 237-245.

[13] 易卫国, 杨谦, 李群松. 稀薄颗粒流体对弯管冲蚀的数值模拟[J]. 湖南师范大学学报: 自然科学, 2012, 35(5): 56-59, 63.

[14] 吴波, 严宏志, 徐海良, 等. 渣浆泵内固相颗粒冲蚀特性的数值模拟[J]. 中南大学学报: 自然科学版, 2012, 43(1): 124-129.

[15] 谢文伟, 邓建新, 周后明, 等. 材料冲蚀磨损的数值模拟研究现状及展望[J]. 腐蚀与防护, 2012, 33(7): 601-604.

[16] 张燕梁, 张俊秋, 贾凡, 等. 表面形态抗冲蚀三维数值模拟[J]. 农机使用与维修, 2012, (4): 32-35.

[17] 石晓飞. 风沙流中颗粒速度分布的格子 Boltzmann 模拟及风沙冲蚀研究[D]. 兰州: 兰州大学, 2012.

[18] 庞佑霞, 刘厚才, 郭源君. 考虑边界层的水泵叶片冲蚀磨损机理研究[J]. 机械工程学报, 2002, 38(6): 123-126.

[19] 庞佑霞, 刘厚才, 唐果宁. 基于流体机械工况的冲蚀磨损特性研究[J]. 机械工程材料, 2004, 28(12): 36-38.

[20] 庞佑霞, 陆由南, 尹喜云. 含沙量和沙粒粒径对 QT500 材料冲蚀磨损特性的影响[J]. 机械工程材料, 2006, 30(4): 51-53.

[21] 庞佑霞, 陆由南, 郝诗明. 冲蚀速度对 40Cr 材料抗冲蚀性能影响的研究[J]. 润滑与密封, 2007, 32(04): 112-113.

[22] 刘炳, 李新梅, 刘湘, 等. 冲蚀角对 Al2O3 颗粒增强铝锰合金复合材料冲蚀磨损性能的影响[J]. 热加工工艺, 2011, 40(2): 82-84.

[23] 廉晓庆, 冯秀梅, 蒋明学, 等. 耐火材料强度与冲蚀磨损率的数值关系[J]. 耐火材料, 2011, 45(4): 305-306.

[24] 张继信, 樊建春, 张来斌, 等. 30CrMo 合金钢的冲蚀磨损性能研究[J]. 润滑与密封, 2012, 37(4): 15-18.

[25] 姜心, 张来斌, 樊建春, 等. 冲蚀角度对 40CrNi2Mo 材料冲蚀磨损性能的影响[J]. 润滑与密封, 2012, 37(6): 24-26, 45.

[26] 李庆棠, 陈川辉, 张林进, 等. 耐热钢高温抗冲蚀磨损性能试验[J]. 南京工业大学学报(自然科学版), 2012, 34(3): 93-97.

[27] 方辰, 陈川辉, 张林进, 等. 高温冲蚀磨损装置的可靠性与冲蚀规律[J]. 材料保护, 2013, 46(1): 59-61, 10.

[28] 杨可, 包晔峰. 氮合金化堆焊硬面合金的抗冲蚀磨损性能研究[J]. 材料工程, 2013, 41(3): 6-9.

[29] 赵超峰, 张力强, 蔡建. 影响材料冲蚀磨损性能的因素分析. 选煤技术, 2009, (5): 15-17.

[30] 王凯. 材料冲蚀磨损影响因素分析[J]. 河南科技, 2012, (16): 60.

[31] 郭源君. 水机涡轮弹性涂层抗冲蚀理论及应用[D]. 阜新: 辽宁工程技术大学, 2005.

[32] 郭源君, 殷炯, 何剑雄, 等. 水机过流件护面弹性涂层的粒子流冲击溃裂与磨蚀研究[J]. 振动与冲击, 2011, 30(2): 155-158.

[33] 张俊, 周勇, 李洁. 热处理对电弧喷涂 Ni-Ti 涂层冲蚀磨损性能的影响[J]. 热加工工艺, 2013, 42(6): 196-200.

[34] 富伟, 纪岗昌, 王洪涛, 等. 超音速火焰喷涂碳化物金属陶瓷涂层冲蚀磨损性能[J]. 热加工工艺, 2012, 41(2): 149-151.

[35] 代廷海, 刘炳, 张东芹, 等. 不同试验参数下铝锰基复合材料冲蚀磨损性能研究[J]. 铸造技术, 2010, 31(8): 1017-1020.

[36] 黄河. 基于沙漠蜥蜴生物耦合特性的仿生耐冲蚀试验研究[D]. 长春: 吉林大学, 2012.

[37] 江佳廉. 红柳抗风沙冲蚀机理及其仿生应用[D]. 长春: 吉林大学, 2012.

[38] RAYLEIGH L. VIII. On the pressure developed in a liquid during the collapse of a spherical cavity[J]. Men of Physics Lord Rayleigh the Man & His Work, 1917, 34(200): 221-226.

[39] PLESSET M S, ZWICK S A. The growth of vapor bubbles in superheated liquids[J]. Journal of Applied Physics, 1954, 25(4): 493-500.

[40] PLESSET M S, CHAPMAN R B. Collapse of an initially spherical vapour cavity in the neighbourhood of a solid boundary[J]. Journal of Fluid Mechanics, 1971, 47(2): 283-290.

[41] 刘小兵, 程良骏. 空泡在任意流场中的运动研究[J]. 水动力学研究与进展(A 辑), 1994, 9(2): 150-162.

[42] 柯乃普, 戴利, 哈密脱. 空化与空蚀[M]. 水利水电科学研究院译, 北京: 水利出版社, 1981.

[43] 张秀丽, 孙冬柏, 俞宏英, 等. 金属材料空蚀过程中的腐蚀作用[J]. 腐蚀科学与防护技术, 2011, 13(1): 162-164.

[44] 黄继汤. 空化与空蚀的原理及应用[M]. 北京: 清华大学出版社, 1991.

[45] 贺照明. 机械瓣空化及空泡溃灭研究[D]. 北京: 清华大学, 2000.

[46] 王国刚, 孙冬柏, 张秀丽, 等. 空泡溃灭过程中力学损伤行为[J]. 北京科技大学学报, 2007, 29(5): 483-485.

[47] 张法星, 许唯临, 朱雅琴, 等. 空蚀冲击波模式下气泡尺寸在掺气减蚀中的作用[J]. 水利水电技术, 2005, 36(10): 5-7.

[48] 薛伟, 陈昭运. 水轮机空蚀和磨蚀理论研究[J]. 大电机技术, 1999,(6): 44-48.

[49] MATSUMOTO Y, BEYLICH A E. Influence of homogeneous condensation inside a small gas bubble on its pressure response[J]. Journal of Fluids Engineering, 1985, 107(2): 281-286.

[50] 胡影影, 朱克勤, 席葆树. 固壁空蚀数值研究[J]. 应用力学学报, 2004, 21(1): 22-25, 172-173.

[51] 李疆, 陈皓生. Fluent 环境中近壁面微空泡溃灭的仿真计算[J]. 摩擦学学报, 2008, 28(4): 311-315.

[52] 杜特专, 黄晨光, 王一伟, 等. 动网格技术在非稳态空化流计算中的应用[J]. 水动力学研究与进展 A 辑, 2010, 25(2): 190-198.

[53] 李永健. 空蚀发生过程中表面形貌作用机理研究[D]. 北京: 清华大学, 2009.

[54] 刘诗汉, 陈大融. 粗糙表面的空蚀机制研究[J]. 润滑与密封, 2009, 34(3): 6-8, 35.

[55] 蒋娜娜, 徐臻, 周刚, 等. 加工方法和材料种类对空蚀结果的影响[J]. 润滑与密封, 2007, 32(5): 12-15.

[56] 牛权. 湍流拟序结构下的空蚀与泥沙磨损联合作用研究[D]. 扬州: 扬州大学, 2002.

[57] 黄细彬. 高速含沙掺气水流及磨损机理的研究[D]. 南京: 河海大学, 2001.

[58] 张涛, 陈次昌, 郭清. 含沙水流中翼型空蚀磨损试验[J]. 农业机械学报, 2010, 41(11): 31-37.

[59] 李健, 张永振, 彭恩高, 等. 冲蚀与气蚀复合磨损试验研究[J]. 摩擦学学报, 2006, 26(2): 164-168.

[60] 彭恩高, 李健. 冲蚀与气蚀复合磨损试验装置及其试验研究[J]. 润滑与密封, 2007, 32(4): 20-23.

[61] 任岩, 张兰金, 李延频, 等. 水轮机的磨蚀失效特性[J]. 排灌机械工程学报, 2012, 30(2): 188-191.

[62] 鲍崇高, 高义民, 邢建东. 水轮机过流部件材料的冲蚀磨损腐蚀及其交互作用[J]. 西安交通大学学报, 2010, 44(11): 66-70.

[63] 王再友, 陈黄浦, 徐英鸽, 等. 20SiMn 钢冲蚀和空蚀的失效行为[J]. 西安交通大学学报, 2002, 36(7): 744-747.

[64] 龙霓东, 朱金华. ZCuAl8Mn14Fe3Ni2 合金的磨蚀[J]. 热加工工艺, 2009, 38(6): 19-22.

[65] 常云龙, 张建民, 林彬, 等. CrMnB 堆焊合金空蚀和磨蚀行为研究[J]. 热加工工艺, 2005, 34(4): 1-3.

[66] 庞佑霞, 朱宗铭, 梁亮, 等. 多种材料的冲蚀与空蚀交互磨损试验装置的研制及应用[J]. 机械科学与技术, 2012, 31(1): 1-3.

[67] 庞佑霞, 唐勇, 梁亮, 等. 冲蚀与空蚀交互磨损三相流场仿真与试验研究[J]. 机械工程学报, 2012, 48(3): 115-120.

[68] 庞佑霞, 刘厚才, 朱宗铭, 等. 40Cr 冲蚀与空蚀交互磨损试验研究[J]. 润滑与密封, 2011, 36(8): 20-22.

[69] 梁亮, 庞佑霞, 唐勇, 等. 冲蚀磨损与冲蚀、空蚀交互磨损的对比研究[J]. 摩擦学学报, 2012, 32(4): 338-344.

第2章 流体机械的磨损试验装置

2.1 流体机械磨损的常用试验设备

流体机械的磨损一般发生在非常恶劣的环境下，并且周期非常长，不宜进行实时分析。为了研究其磨损机理，需要研制特殊的设备来模拟现场工况。目前国内外常见的磨损试验设备主要有旋转喷射冲蚀仪、磁致伸缩仪、转动空蚀仪、水洞试验、现场磨损试验等装置，试验装置没有统一的规格，研究者都根据自己的研究内容对现有的试验设备进行了改进。

2.1.1 旋转喷射式冲蚀试验仪

Honegger 和 Hoff 最早制成了旋转喷射设备[1]，至今，其结构、功能等均有重大的改变，例如改进的旋转喷射式冲蚀磨损试验仪，由于其结构简单、便于操作，已经被广泛采用。在美国，该类试验设备已作为标准冲蚀磨损试验装置[2]。

旋转喷射式冲蚀磨损试验机由旋转控制、试样装夹和固定支撑、液体循环喷射、温度控制、电化学测试五大部分组成[3]，如图 2-1 所示。

砂浆泵从试验槽中抽取液体，通过旁路阀经喷头喷出冲击试样；试样装夹和固定支撑装置可一次性悬挂 8 个试样进行试验，保证了不同材料处在同一试验环境；旋转控制装置可以实现无级调速；温度控制装置包括电加热管、温度传感器、比较放大线路及继电器驱动电路四部分，由继电器控制电加热是否开启；电化学测试是通过监测冲蚀试验过程中试件的电极电位以及耐蚀性的变化，来分析材料冲蚀失效过程中的腐蚀分量变化。这类磨损试验装置原理简单，可以根据研究者的工作重心来调整相关结构[4]。但这种试验仪不能精确测量粒子的冲蚀速度[5]。

2.1.2 磁致伸缩仪

1932 年 Gaines 成功研制了磁致伸缩仪，当时它采用的是纵向共振镍管的磁致振荡设备。现在，磁致伸缩仪从振动频率提高等方面改进很大，主要用来研究腐蚀与空蚀作用之间的关系、材料的相对抗空蚀性能、水质和水的表面张力对初生空化和空蚀的影响、含沙水对材料磨蚀的影响等。我国于 1987 年制定了《振动空蚀试验》的国家标准，是研究材料抗磨蚀性能的重要手段之一[6]。

磁致伸缩仪工作原理如图 2-2 所示，主要由超声波发生器、换能器两大部分

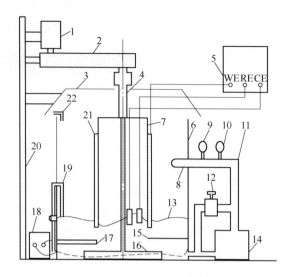

图 2-1　旋转喷射式冲蚀试验仪

1. 调速电动机　2. 减速器　3. 挡板　4. 传动轴　5. 恒电位仪　6. 试验槽　7. 试样支架　8. 喷嘴　9. 压力表
10. 流量计　11. 高压软管　12. 旁路阀　13. 水面　14. 砂浆泵　15. 热传感探头　16. 搅拌叶片　17. 加热管
18. 温度控制器　19. 虹吸管　20. 支架　21. 试样　22. 进水口

组成，其工作原理是利用镍合金在交变磁场中的伸缩特性产生高频振荡，使水体产生空化。通过超声波发生器产生的电信号，由换能器把电信号转换成机械振动，因此磁致伸缩仪也叫振动空蚀仪[7]。

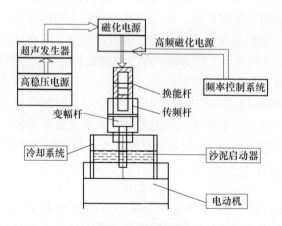

图 2-2　磁致伸缩仪

　　磁致伸缩仪可测量试件的磨蚀稳定性、不同含沙量和不同粒径对空蚀的影响等，通过改变介质区的压力，可测试压力对空蚀的影响。但从磁致伸缩仪的工作原理可见，其产生的空化区域小，在试验过程中，试件表面特性不同也能产生不同的空蚀效果，即可重复性较差；由于原理所限，难以模拟河流中水流的磨蚀情况。

2.1.3　转动空蚀仪

1956 年丹麦 R ASMUSSEN 采用转动空蚀设备来研究水中含气量对空蚀的影响。20 世纪 70 年代中期被引入流体机械行业后，研究者根据试验的需要，不断改进和完善转动空蚀仪的结构。

图 2-3 是清华大学摩擦学国家重点实验室自主设计的转盘式空蚀仪[8]，它的主体是一个镶嵌着试件的圆形试验盘，变频调速电动机通过皮带传动带动转盘在密闭的试验盘内高速旋转，在转盘凹槽中装夹试件。试件随转盘与在转动方向的试样前面的空蚀源通孔同速度在介质中旋转，由于空蚀源附近压力变化而产生空泡，形成空蚀。

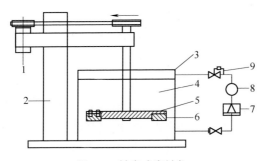

图 2-3　转盘式空蚀仪

1. 电动机　2. 机座　3. 容器　4. 流体介质　5. 转盘　6. 试件　7. 制冷器　8. 循环泵　9. 流量阀

转动空蚀仪能够很好地模拟实际工况，可以同时安装不同材料的试件，在相同的试验条件下来比较材料的抗空蚀磨损性能。从其工作原理可见，转动空蚀仪最佳适用场合是较小体积的试件研究。

2.1.4　水洞试验装置

1896 年 PARSONS 在英国建立了世界上第一个研究空化的小型水洞[10]。该水洞为铜制，全长约 1 m，工作段截面积 15 cm^2，采用闪频观测器来观察空化现象。目前全世界建有多个各种类型的水洞，我国第一座水洞于 1957 年在上海建成。

水洞试验原理如图 2-4 所示，其核心在矩形试验段。在试验段中安装有圆柱或障碍突体，当流速增高或压力降低，使圆柱或障碍突体尾流漩涡由于压力突变而发生空化，因此可以很全面的研究空化过程[6]。水洞装置的水流是闭路循环，水流速度和试验压强可以调节，可以通过减压或增速使模型出现空化现象，从而研究空化初生机理以及影响因素，以及空化在不同发展阶段的特性。

水洞试验装置的流道的收缩与水轮机导水叶片和转轮叶片流道类似，所以其含沙水流的流动状态与现实工况中过流部件水流相似。但该装置每次试验能安装的试件数量较少，因闭路循环也容易使水中的空气含量不稳定。

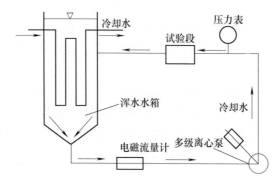

图 2-4   水洞试验原理

2.1.5   现场磨损试验装置

试验场一般依靠实际河流水电站建设而成，包括引水管路装置、循环加沙装置、试件安装槽及试验参数的检测装置（图2-5）。试验真实还原了磨损过程，可以模拟冲蚀磨损、空蚀磨损以及冲蚀与空蚀交互磨损作用。此项试验要求在水电站中建立独立的试验装置，因此建设规模大、成本高，一般只有大型的水力研究机构才拥有此独立的试验装置[9]。

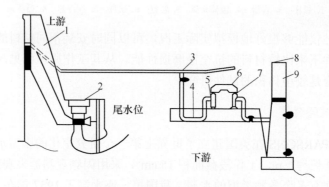

图 2-5   水电站磨损装置示意图

1. 水电站大坝 2. 水轮发电机组 3. 引水管 4. 电磁流量计
5. 水泵 6. 连接弯管 7. 水轮机 8. 水位计 9. 尾水调节塔

以上五种试验设备涵盖了冲蚀磨损、空蚀磨损、冲蚀与空蚀交互磨损试验研究，都各有特点，表2-1显示了五种常用磨损试验设备的优缺点。

表 2-1　五种常用磨损试验设备的特性

磨损设备	优点	缺点
旋转喷射式冲蚀磨损试验仪	1）装置简单可调整性强 2）能模拟冲蚀与电化学腐蚀联合作用	磨损速度测量精确度不高
磁致伸缩仪	1）能模拟空蚀磨损试验 2）容易观察到试验过程 3）试验设备简单成本低	1）试件尺寸较小 2）试验结果重复性差 3）试验在无主流下进行
转动空蚀仪	1）模拟空蚀实际工况效果好 2）结构简单成本低	1）试验试件尺寸受到限制 2）水流流态不受控制
水洞试验装置	1）试验可信度高 2）模拟空蚀磨损的首选设备	设备的稳定性不强
现场磨损试验装置	1）能实现各种工况的磨蚀试验 2）准确度极高	试验复杂，试验成本高

2.2　转盘式磨损试验装置

　　根据前文介绍，可以看出每种磨损设备都有其独到之处，不过除了现场模拟磨蚀试验装置外，其他都不能进行冲蚀与空蚀交互磨损试验。作者在相关领域多年研究的基础上，由湖南科技大学机电工程学院联合中国水利水电科学研究院联合研制了一套模拟流体机械实际工况的转盘式磨损试验装置，并于 2001 年 9 月安装调试完毕并通过了验收，该装置可以进行冲蚀或空蚀的单一磨损试验，2009 年改造后，也可进行冲蚀和空蚀的交互磨损试验[11]。此装置的优点包括：产生的流场接近于流体机械中的实际流态，能很好地模拟过流部件的工作状态；产生的空化强度大；转盘的速度改变和控制容易；造价便宜，体积小。此装置的缺点有：试件附近的压力不易控制和确定；系统的结构尺寸限制了结构材料与试件完全分离，由于相对运动的材料不同，腐蚀难以保护。

2.2.1　转盘式磨损试验装置的结构

　　转盘室空蚀磨损装置可用来进行圆盘式磨损试验、旋转喷射式磨损试验的圆盘式腐蚀试验。转盘式磨损试验装置的结构如图 2-6 所示，它主要功能模块包括：供水泵、循环泵、转盘室、变频电动机，水箱、电磁流量计、压力测试装置、回水泵、冷却装置、磨损转盘等，其磨损试验台如图 2-7 所示。通过调整装置中水流的流量、压力和射流角度等试验参数，可以多方位考察影响磨损的影响因素。通过试验研究发现此装置的试验结果有很好的重复性。

　　试验转盘由电动机拖动旋转，含沙水由水箱经循环泵、流量控制器到达磨损

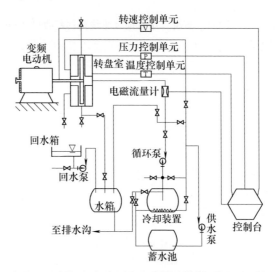

图 2-6 转盘式冲蚀和空蚀交互磨损试验装置原理图

图 2-7 转盘式磨损试验台

转盘室。试验过程中含沙水的流动是一个不断循环的过程，如图 2-8 所示。作用在试件上的水流相对速度与圆周速度的夹角即为水流相对速度的名义冲蚀角。可以研究的影响磨损的因素包括：冲蚀速度、冲蚀角、试验压力（针对空蚀和冲蚀磨损与空蚀交互磨损）沙粒浓度、沙粒直径以及材料本身。根据试验的要求，可

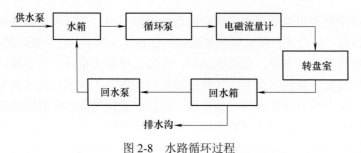

图 2-8 水路循环过程

通过选择喷嘴射流速度与圆周速度不同组合来改变水流的相对速度大小和冲蚀角；可以通过调节转盘室出口压力控制开关调剂转盘室内的压力。通过加入沙粒的质量控制水中沙粒的浓度。通过振动筛将不同粒径的沙分离出来，然后再加入不同的工况中，研究沙粒直径的影响效果。

2.2.2　转盘式磨损试验装置参数的设计

（1）转盘式磨损试验装置试验参数

转盘式磨损试验装置可调参数包括流通量、电动机转速以及试验环境压力。转盘式磨损试验装置中包含三个速度：相对速度、牵引速度、绝对速度。三个速度的矢量关系如图 2-9 所示。其中调节流通量可以控制喷嘴的相对速度；调节电动机转速可以控制牵引速度；可通过选择喷嘴射流速度与圆周速度不同组合来改变水流的绝对速度大小和冲角。

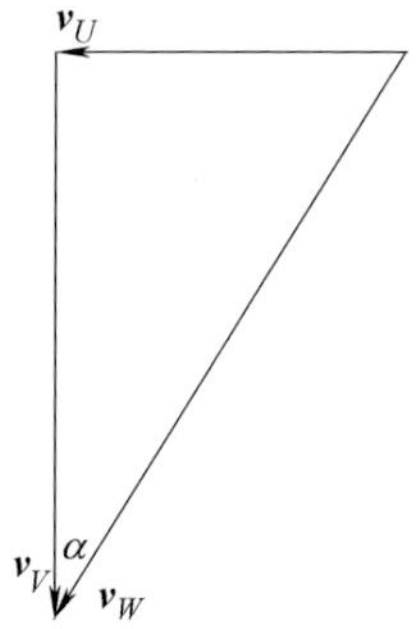

1）相对速度 v_U

图 2-9　三个速度的矢量关系

转盘式磨损试验装置的相对速度指含沙水流从喷嘴流出的出流速度。相对速度垂直于磨损转盘。在试验装置参数设置中，流通量 Q 与电磁流量计的设计关系为：2.8 m^3/h 对应 40%的流量。流通量 Q 与相对速度 v_U 对应的关系为：

$$v_U = \frac{Q}{4S} \tag{2-1}$$

$$S = \frac{\pi D^2}{4} \tag{2-2}$$

式中，S 为单个喷嘴截面积，D 为喷嘴直径。

2）牵引速度 v_V

牵引速度即磨损试件处的圆周线速度，它由变频电动机转速控制：

$$v_V = 2\pi r n \tag{2-3}$$

式中，r 为转盘中心到磨损试件的半径，n 为磨损转盘转速。

3）绝对速度 v_W

绝对速度是水流实际作用到磨损转盘的速度，它是相对速度和牵引速度的和速度：

$$v_W = v_V + v_U \tag{2-4}$$

4）冲蚀角 α

冲蚀角是指含沙水流的绝对速度与材料表面的夹角，图 2-9 中的 α 就是冲蚀角：

$$\tan\alpha = \frac{v_U}{v_V} \rightarrow \alpha = \arctan\frac{v_U}{v_V} \tag{2-5}$$

试验设计时，可以先预先确定各种工况下的冲蚀速度以及冲蚀角，然后根据以上公式计算出试验装置内可调的参数，计算的结果一般不是整数值，为了试验的方便应该将其进行修正，得到试验的实际参数。表 2-2 是参考湖南郴州芙蓉水电站的现场工况，水头 82 m，并根据试验条件做了一定的修正而得出的参数。

表 2-2　参数设计表

名义冲蚀角 / (°)	绝对速度 50 m/s		绝对速度 45 m/s	
	转速/（r/min）	流量/（m³/h）	转速/（r/min）	流量/（m³/h）
25	2 886	2.15	2 598	1.93
20	2 992	1.74	2 693	1.57
15	3 076	1.32	2 768	1.19
10	3 136	0.88	2 823	0.79

表中数据说明：表中 50 m/s 为液体的绝对速度，25°为名义冲蚀角，2 886 r/min 为电动机带动转盘每分钟转动的转数，2.15 m³/h 为 4 个喷嘴每小时喷出的容量。试验时只需将设备调到某个数据，就能控制流量。

由于喷嘴的直径 D=3 mm，转盘直径 $\phi = 2r = 300$ mm，从而喷嘴截面积 S：

$$S = \frac{\pi D^2}{4} = \frac{3.14 \times 9 \times 10^{-6}}{4} = 7.065 \times 10^{-6} \text{ m}^2$$

液体质点的相对速度 v_U：

$$v_U = \frac{Q}{4S} = \frac{2.15}{4 \times 7.065 \times 3600 \times 10^{-6}} = 21.13 \text{ m/s}$$

液体质点的牵连速度 v_V：

$$v_V = 2\pi rn = \frac{2 \times 3.14 \times 0.15 \times 2886}{60} = 45.3 \text{ m/s}$$

从而得出冲蚀角度为 α：

$$\alpha = \arctan\frac{v_W}{v_U} = \arctan\frac{21.13}{45.3} = 25°$$

绝对速度 v_W：

$$v_W = \sqrt{v_W^2 + v_U^2} = \sqrt{21.13^2 + 45.3^2} \approx 50 \text{ m/s}$$

（2）转盘式磨损装置其他系统参数

转盘式磨损试验装置中相关设备的性能参数见表 2-3。

表 2-3　相关设备的性能参数

序号	名称	型号/规格	数量	备注
1	交流变频器	MDV3700/3	1 台	37 kW
2	交流变频电动机	YSP200L$_2$—2	1 台	37 kW
3	转盘室		1 套	不锈钢阻流栅
4	空蚀圆盘	ϕ360 mm	1 套	
5	空蚀试件		12 枚	
6	水泵泵组 1	IS50-32-260A	1 套	循环水泵
7	水泵泵组 2	IS6-40-200A	1 套	供水泵
8	水泵泵组 3	IS6-50-125A	1 套	回水泵
9	电磁流量计	LDG—25	1 套	
10	转速数字显示仪	XJP—02A	1 套	SZMB—5 传感器
11	标准压力表	0～6 kg/cm^2	1 只	0.4 级
12	真空压力表	−1～5 kg/cm^2	1 只	
13	温度表	−10～100 ℃	1 只	

2.2.3　流体机械磨蚀试验方案

根据工况条件不同可以将流体机械的磨损分为：冲蚀磨损、空蚀磨损、冲蚀与空蚀交互磨损。三种工况下水路的结构是一样的，不同的是流场中可调试验参数的设置。

（1）冲蚀磨损试验

冲蚀磨损试验参数的设计主要包括：冲蚀速度和冲蚀角。外部可控参数包括沙粒浓度以及沙粒直径的调节。根据试验的要求，可通过选择喷嘴射流速度与圆周速度不同组合来改变水流的相对速度大小和冲角。

含沙水流从水箱出来经过总阀到循环泵，经过流量调节阀以及电磁流量计从转盘室端盖内侧均布的四个喷嘴喷出，冲击到磨损转盘。含沙水通过压力控制开关到达回水箱，经过回水泵重新回到水箱。在进行冲蚀磨损试验时要保证压力控制开关全开，保证转盘室内无压力差。

喷嘴设置在转盘室端盖内侧，如图 2-10 所示射向试件的角度（称作安放角）通常为 90°，即垂直喷射，当为了获得更高的水流相对速度，喷嘴安放角可改变，如 30°，水流相对速度可达到 70 m/s。冲蚀磨损试验转盘与试件如图 2-11 所示。

（2）空蚀磨损试验

空蚀磨损可调参数包括：试验压力以及电动机转速。在保压状态下调节电动机转速使空化现象发生。水流在离心力的作用下向转盘径向偏移，使得转盘室中心压力降低。压力梯度的大小与电动机转速有关，当电动机转速达到一定值可以

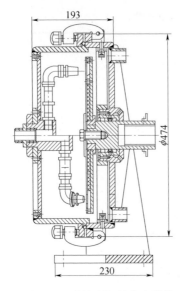

图 2-10　冲蚀磨损转盘室结构　　　　图 2-11　冲蚀磨损试验转盘与试件

观察到转盘室内出现了大量气泡。空蚀磨损试验转盘室结构如图 2-12 所示。

　　空蚀磨损试验圆盘为两个盘叠合而成，圆盘两面共镶嵌 12 块试件，试件均匀分布在直径为 316 mm 的圆周上，如图 2-13 所示。在空蚀圆盘上设有直接为 10 mm 的通孔作为空化源，通孔中心分布圆直径为 300 mm。在给定转盘转速、转盘舱室压力条件下，由空化源产生空穴正好作用于空蚀试件中央，并使之破坏。

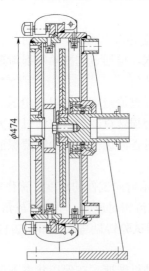

图 2-12　空蚀磨损试验转盘室结构　　　图 2-13　空蚀磨损试验转盘

空蚀磨损水流的流向与冲蚀磨损相同。不同之处在于在水流通过电磁流量计到达转盘室过程中，转盘室端盖上面无喷嘴，水流直接通过管道到达转盘室，调节图 2-6 中开关 15（回水阀），使转盘室内形成压力，试验过程中需要保证整个水箱及循环过程中没有加入沙粒。因循环装置需通过水箱才能向蓄水池回水，因此试验流量不能过大，否则水箱中的水位会逐渐上升可能导致水外溢。

（3）冲蚀与空蚀交互磨损试验

冲蚀与空蚀交互磨损试验可调参数包括：冲蚀速度、冲蚀角以及环境压力。含沙水沙粒浓度以及直径可以通过外部调节；转盘室压力调节与空蚀条件相同。交互磨损转盘室结构如图 2-14 所示，交互磨损试验转盘如图 2-15 所示。

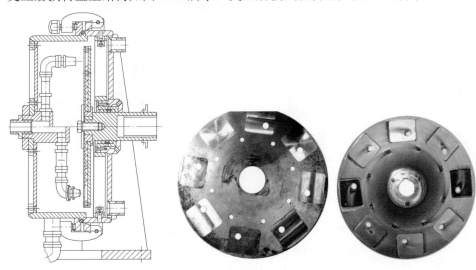

图 2-14 交互磨损转盘室结构　　　　　　　图 2-15 交互磨损试验转盘

根据试验的要求，可通过选择喷嘴射流速度与圆周速度不同组合来改变水流的相对速度大小和冲蚀角，也可以改变转盘室压力大小和空蚀孔直径。磨蚀盘分正面、背面，根据转盘试件安装位置设定，可以在正面、背面共镶嵌试件 8、16 块，试件表面粗糙度均为 1.6 μm，均布在直径 D_1=300 mm 的圆周上，并设有直径为 5.0 mm、7.5 mm、10.0 mm、12.5 mm、15.0 mm、17.5 mm 的直径通孔作为空化源，在给定转盘转速、转盘室压力条件下，由空化源产生空穴正好作用于试件中央，而同时水流正好作用在试件上，使之产生冲蚀和空蚀交互磨损。

2.3 喷射式冲蚀与腐蚀试验装置

2.3.1 喷射式冲蚀与腐蚀试验装置的结构

两相流中冲蚀和腐蚀耦合效应对船体磨损的失效行为是海洋运动设备中壳体

的主要破坏形式，作者通过自主研发的喷射式冲蚀与腐蚀试验装置可以实现材料在两相流场中的冲蚀、腐蚀及其耦合的磨损，得到材料的耐腐蚀、耐磨损性能对比等试验结果。它的主要功能模块包括冲蚀腐蚀室、含沙水循环及其控制系统、数据采集及处理系统、电化学测试系统四大部分。通过调整循环液的含盐量、含沙量以及变频调节砂浆泵的转速，得到不同的过流速度和淹没喷射速度，来模拟海洋环境下材料的耐腐蚀、耐磨损性能，其结构原理如图 2-16 所示。

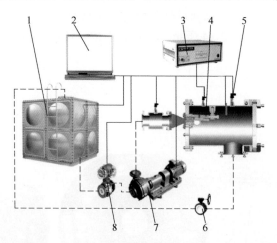

图 2-16　喷射式冲蚀与腐蚀试验装置系统结构原理

1. 含沙水循环箱　2. 计算机　3. 电化学测试系统　4. 冲蚀腐蚀室

5. 压力传感器　6. 阀　7. 砂浆泵　8. 电磁流量计

图 2-16 中，循环系统通过管道连接，数据信号由电缆传送到数据处理计算机中，冲蚀腐蚀室由平行液流和射流冲蚀试件固定装置、电极固定装置等组成，循环系统由储液箱、循环泵、加沙加盐阀及搅拌器等装置构成。由于海洋中含沙量随地域不同、潮水大小不同而变化，其含沙量大约为 $0.3 \sim 2.0\,\mathrm{kg/m^3}$[10]，因此液体循环箱内设有搅拌装置。

2.3.2　喷射式冲蚀与腐蚀试验装置的电化学测试系统

为满足电化学腐蚀要求和结构需要，试件和固定壁、试件和试件间采用树脂作为绝缘和支撑材料，电极引出方式如图 2-17 所示。

图 2-17 中，电极通过螺纹与试件连接，保证其导电性，电极上有密封纹路，覆盖绝缘橡胶，通过固定螺母压紧绝缘橡胶，达到固定、密封、绝缘的目的。

电化学测试系统采用全浮地式设计的 CS 电化学工作站，包括双通道相关分析器、双通道高速和高精度 AD 转换器以及相关处理软件，可完成金属材料的腐蚀行为研究与耐蚀性评价等，通过监测冲蚀试验过程中被测试材料的电极电位以及耐蚀性的变化，来分析材料的冲蚀与电化学腐蚀磨损的耦合行为。

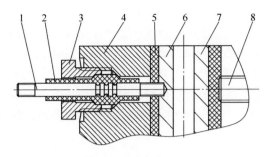

图 2-17　电极安装简图

1. 电极　2. 橡胶　3. 电极固定螺母　4. 试件固定盘

5. 树脂　6. 电蚀试件　7. 冲蚀试件　8. 压紧螺母

2.3.3　喷射式冲蚀与腐蚀试验装置的数据采集及处理系统

数据采集及处理系统原理如图 2-18 所示。

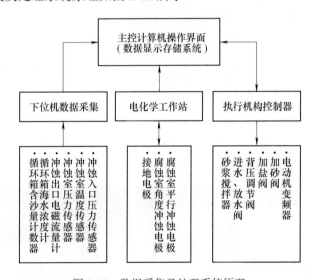

图 2-18　数据采集及处理系统原理

2.4　试验数据采集及处理系统

以上试验完成后需要对试验数据进行采集和处理。根据现有的试验设备，分别从宏观和微观方面对试验试件磨痕进行分析。宏观方面包括试验试件磨损量的测量以及试件磨损痕迹的观察，微观方面通过超景深三维显微系统以及扫描电镜

（Scanning electron microscopy，SEM）对磨损严重区域的微观形貌进行观察和分析。

2.4.1　材料磨损量测量

　　材料的磨损量是评估磨损试验最重要的方法，在不同工况下可以通过单位时间内材料的磨损量得出材料磨损的规律。在试验过程中，每隔一段时间会停机取下试件，将其洗净以及烘干后测量材料的磨损量。采用 AB304-S 电子秤对试验结果称重，精度为 0.1 mg。试件的磨损量随时间变化的关系，即材料的冲蚀率。

$$\varepsilon = \frac{\Delta m}{t} \tag{2-6}$$

式中，ε 为材料的冲蚀率；Δm 为材料冲蚀后的磨损量（mg）；t 为冲蚀时间（h）。

2.4.2　三维磨损形貌观察

　　试验结束后采用基恩士公司的超景深三维显微系统（KEYENCE VHX-500FE）观察试件交互磨损的三维磨痕形貌，如图 2-19 所示。此设备包括透射照明观测、偏光照明观测以及微分干涉观测三种光学测试方法，避免了传统的三坐标测量过程中探针与试件直接接触带来的误差。选定特征磨损试件，在超景深测试平台上分别放大 500 倍、1 000 倍直接测量其三维磨损形貌，并且通过植入参照来测量蚀坑的深度以及直径。为观察微观三维形貌，采用基恩士公司的形状测量激光显微系统（VK-100）观察试件微观三维磨痕形貌，放大倍率可以达到 15 000 倍，显示分辨率达到 0.03 μm。采用 3D 观测模式，对被测物形状、粗糙度、表面积等进行测量，可以做高度、宽度、横截面、角度、R 值、表面积、体积、线粗糙度、面粗糙度、磨损量等的测量分析。

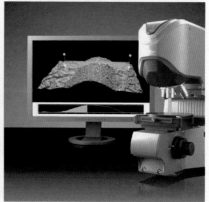

　　　a）超景深三维显微系统（KEYENCE VHX-500FE）　　　　b）VK-100 形状测量激光显微系统

图 2-19　三维形貌显微系统

2.4.3　微观形貌观察

　　磨损试件微观的观察可以帮助我们从微观上研究磨损机理。常用的材料分析手段是扫描电子显微镜（SEM）。其工作原理是用一束极细的高能电子束扫描样品，由于样品的表面结构影响，激发区域所产生的二次电子、特征 X 射线等信息不同，通过对这些信息的接收、放大和显示成像，获得测试试样表面形貌。一般高分辨率、高放大倍率的扫描电镜的价格较高，需要根据分析目的选择合适的扫描电镜。

　　由于扫描电镜观察台面限制，在磨损试验完成后，需要对试件进行线切割处理，然后可采用美国 KYKY 科学仪器公司（American KYKY Scientific Instrument Factory）KYKY-2800 型扫描电子显微镜（SEM）对被试件的磨损表面形貌进行观察和分析，如图 2-20 所示。

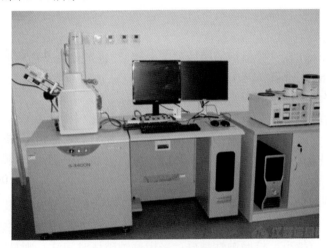

图 2-20　试件微观形貌的测量

　　根据不同工况需要，试件被放大 500 倍、1 000 倍、2 000 倍，观察试件表面微观形态。

2.5　磨蚀程度的表征方法

　　精确的判定磨蚀程度，是比较不同材料的耐冲蚀、耐空蚀、电化学腐蚀及其交互磨蚀性能的量化指标，也是监测零件破坏程度的指标，目前，常用表征磨蚀程度的指标有[12]：

　　（1）失质法

　　通过测量试件在试验前后的质量损失来计量，也称失重法，通常用"磨蚀率"来表示单位时间的质量损失，常用单位 g/h 或 mg/h。一般在试验前后，需要对试件进行清洗、烘干等措施，来保证测量的准确度；操作过程简单，适用于磨蚀程度大且不吸水的试件材料；而对塑性大、吸水量较大的材料，用这种方法得到的误差较大。

（2）失体法

通过测量试件在试验前后的体积损失来计量，常用单位 cm^3/h 或 mm^3/h，适用于磨蚀程度大且试件材料塑性较小的材料。如果试件材料塑性较大，因在磨蚀作用下可能有较大变形，但材料损失小或无损失，其体积损失不易准确测量，用这种方法得到的误差较大。

（3）面积法

在被测试件受磨蚀的部位涂上易损涂层，经磨蚀后测量失去的涂层面积与总涂层面积的比值，作为磨蚀程度的计量，常用单位 cm^2/h 或 mm^2/h。适用于抗蚀性能较强的非塑性材料。

（4）深度法

通过测量试件在试验前后的磨蚀深度来计量，也是计量磨蚀程度的重要指标。常用单位 cm/h 或 mm/h。因在试验材料表面上存在被磨蚀的深度、蚀坑大小不同，故常用区域平均磨蚀深度作为磨蚀程度计量指标。

（5）蚀坑法

统计试验材料在试验后单位面积中的麻点数来表示磨蚀程度，适用于金属材料。黄继汤[12]采用"特征磨蚀麻点数"除以试验时间，得到磨蚀率。

（6）磨蚀破坏时间法

用单位面积失去单位质量所需的时间来表示磨蚀程度，其常用单位为 $h/kg/m^2$，一般是用失质法测得的数据经过换算得到。在采用失质法表示材料的抗磨蚀性时，失质越小，抗磨蚀性越好；采用磨蚀破坏时间法，则是时间越长，抗磨蚀性越好，概念上比较直观，测量方法则采用失质（失重）法。

（7）放射性同位素法

在水轮机转轮上涂放射性同位素保护层，用测定排水中的放射性大小来确定转轮的磨蚀程度。

（8）表面形貌法[13]

通过扫描试件表明指定区域在试验前后的形貌，包括计量磨蚀面积、磨蚀深度，可以精确的测定指定区域内不同的受磨蚀程度；也可以从宏观的图像对比得到磨损状况，还可以从微观的磨痕，判定磨损性质和磨损量，适用于在线监测、磨损机理研究等场合。

在上述各种方法中，失质法应用较多，很多重要成果及一些基本规律都是采用失质法得到的。随检测仪器和计算机水平的提高，表面形貌因综合了多种磨蚀因素，正逐步增加使用领域，比如多因素交互磨损的场合等。

参 考 文 献

[1] KNAPP R T, DAILY J W, HAMMITT F G. 空化与空蚀[M]. 水力水电科学院译. 北京: 水力出版社, 1981.

[2] RUFF A W, IVES L K, GLAESER W A. Characterization of wear surfaces and wear debris[J]. American Society for Metals, 1981: 235-289.

[3] 魏金鑫, 王勇, 赵卫民, 等. 旋转喷射式冲蚀试验机的研制[J]. 腐蚀与防护, 2009, 30(6): 401-403.

[4] 张凤雷, 贺琦, 郭会斌, 等. 喷射式冲蚀磨损实验装置及红外光学材料冲蚀行为研究[J]. 红外技术, 2007, 29(4): 196-202.

[5] 郭源君, 庞佑霞, 唐果宁. 水力磨蚀与耐磨胶粘涂层[M]. 长沙: 湖南科学技术出版社, 2001.

[6] 王荣克. 磨蚀泥沙起动装置的研制与泥沙特性对磨蚀影响的研究[D]. 南京: 河海大学, 2007.

[7] 邢述彦. 应用磁致伸缩仪进行材料磨蚀试验研究[J]. 太原理工大学学报. 1999, 30(1): 75-78.

[8] 蒋娜娜, 徐臻, 陈大融, 等. 旋转圆盘空蚀试验中的硅材料破坏过程研究[J]. 摩擦学学报, 2007, 27(4): 393-397.

[9] 维文娟, 吴建华. 磨蚀试验设备研究与应用现状[C]//第三届全国水力学与水力信息学大会论文集, 2007 年.

[10] 李志博, 胡国清. 空蚀空化现象与液压系统新进展[J]. 机床与液压, 2000, 12(10): 6-9.

[11] 庞佑霞, 朱宗铭, 梁亮, 等. 多种材料的冲蚀与空蚀交互磨损试验装置的研制及应用[J]. 机械科学与技术, 2012, 31(1): 1-3.

[12] 黄继汤. 空化与空蚀的原理及应用[M]. 北京: 清华大学出版社, 1991.

[13] 庞佑霞, 唐勇, 朱宗铭, 等. 磨损形貌及失重量的检测装置: 中国专利, ZL201220425589 [P]. 2013-02-13.

第3章 冲蚀磨损

3.1 冲蚀磨损基础理论

冲蚀磨损涉及固液两相流动，并且在磨损环境下湍流已经完全发展，需要在多流体模型下研究单个沙粒的受力情况以及运动特性，在此研究过程中做如下假设：

（1）沙粒在不可压缩的边界层中是稀疏的，沙粒间直接作用可忽略。

（2）沙粒为球形，并且沙粒直径很小。

（3）不考虑沙粒的自由旋转。

（4）沙粒只受到水流中各种作用力，不考虑气泡的影响。

3.1.1 沙粒的动力学模型

对于所要研究的固液两相流动，其主要特征是沙粒与流体间的相互作用，正是沙粒运动过程中所受到的作用力决定了沙粒的运动。而沙粒所受到的力主要有：黏性阻力 F_D、压强梯度力 F_P、Basset 力 F_B、Saffman 升力 F_S 以及叶片表面对沙粒的引力。沈天耀等[1]通过数值分析表明：综合考虑 Basset 力 F_B、Saffman 升力 F_S 和叶片表面对沙粒的引力三者对穿层沙粒运动特性影响，则会相互抵消，总的影响程度将更小，因此也可以将 Basset 力 F_B、Saffman 升力 F_S 及叶片表面对沙粒的引力忽略。要研究沙粒的受力情况，只需考虑黏性阻力 F_D 和压强梯度力 F_P。

而压强梯度力 F_P 大小为：

$$F_P = m\frac{\mathrm{d}v}{\mathrm{d}t} \tag{3-1}$$

$$m = \frac{4}{3}r^3\rho_p\pi \tag{3-2}$$

式中，ρ_p 为沙粒的密度，kg/m³；v 为冲蚀速度，m/s；m 为沙粒质量，kg；r 为沙粒的半径，mm。

一般的，液固两相加速度属于同一量级，而 ρ/ρ_p 为同一量级，压强梯度力不能忽略不计。

其黏性阻力为：

$$F_D = 6r\pi\mu(v - v_p) \tag{3-3}$$

式中，v_p 为沙粒在边界层中的运动速度，m/s。

沈天耀等[1]通过对叶片对沙粒运动黏性的影响进行研究，提出了在 X、Y 方向上黏性阻力的修正系数分别为：

X 方向
$$C_1 = \left(1 - \frac{9}{16}\varepsilon + \frac{1}{8}\varepsilon^3 - \frac{45}{256}\varepsilon^4 - \frac{1}{16}\varepsilon^5\right)^{-1} \tag{3-4}$$

Y 方向
$$C_2 = \left(1 - \frac{9}{8}\varepsilon\right)^{-1} \tag{3-5}$$

式中

$$\varepsilon = \frac{r}{y}$$

当沙粒处在无界流场中，即 $y \to \infty$ 时，$C_1 \to 1$，$C_2 \to 1$，而当沙粒与叶片表面接触时，即 $y = r$ 时，$C_1 \to 3.084$，$C_2 \to -8$。

因此，沙粒在边界层中的受力分析只需要考虑修正后的黏性阻力 $\boldsymbol{F}_D$ 和压强梯度力 $\boldsymbol{F}_P$。受力情况如图 3-1 所示，沙粒的中心点坐标为 $P(x, y)$。

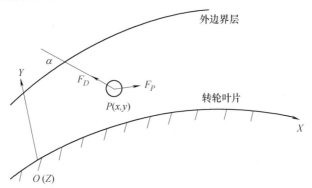

图 3-1　沙粒在边界层中的受力情况

其 X 方向上合力为：

$$F = 6C_1\pi\mu(v_x - v_{px})r + m\frac{\mathrm{d}v_x}{\mathrm{d}t} \tag{3-6}$$

其 Y 方向上合力为：

$$F = 6C_2\pi\mu(v_y - v_{py})r + m\frac{\mathrm{d}v_y}{\mathrm{d}t} \tag{3-7}$$

式中，v_x、v_{px} 分别表示流体和沙粒在边界层中 X 向运动速度分量；v_y、v_{py} 分别表示流体和沙粒在边界层中 Y 向运动速度分量。

3.1.2 沙粒的运动方程

由前面对沙粒的受力分析可知，要分析沙粒的运动特性，受力情况只需要考虑修正后黏性阻力 $\boldsymbol{F}_D$ 和压强梯度力 $\boldsymbol{F}_P$。由 $F = ma$，可推导出沙粒在边界层中 X 方向的运动方程。

$$C_1 F_D + F_P = m\frac{\mathrm{d}v_p}{\mathrm{d}t} \tag{3-8}$$

综合式（3-1）、式（3-2）、式（3-4）、式（3-6）、式（3-8）可得沙粒在 X 向的运动方程：

$$6C_1\pi\mu(v_x - v_{px})r + \frac{4}{3}r^3\rho\pi\frac{\mathrm{d}v_x}{\mathrm{d}t} = \frac{4}{3}r^3\rho_p\pi\frac{\mathrm{d}v_{px}}{\mathrm{d}t} \tag{3-9}$$

同理得 Y 方向运动方程：

$$6C_2\pi\mu(v_y - v_{py})r + \frac{4}{3}r^3\rho\pi\frac{\mathrm{d}v_y}{\mathrm{d}t} = \frac{4}{3}r^3\rho_p\pi\frac{\mathrm{d}v_{py}}{\mathrm{d}t} \tag{3-10}$$

式（3-9）经处理得：

$$\frac{\mathrm{d}v_{px}}{\mathrm{d}t} = \frac{9C_1\mu}{2r^2\rho_p}(v_x - v_{px}) + \frac{\rho}{\rho_p}\frac{\mathrm{d}v_x}{\mathrm{d}t} \tag{3-11}$$

令：

$$A = \frac{9C_1\mu}{2r^2\rho_p} \qquad B = \frac{\rho}{\rho_p}$$

$$\frac{\mathrm{d}v_{px}}{\mathrm{d}t} = A(v_x - v_{px}) + B\frac{\mathrm{d}v_x}{\mathrm{d}t} \tag{3-12}$$

对式（3-12）进行拉普拉斯变换：

$$Sv_{px}(s) = A(v_x - v_{px}) + BSv_x(s)$$

$$(S + A)v_{px}(s) = Av_x(s) + BSv_x(s)$$

$$v_{px}(s) = \frac{A - AB}{S + A}v_x(s) + Bv_x(s) = \frac{(1 - B)A}{S + A}v_x(s) + Bv_x(s) \tag{3-13}$$

再对式（3-13）进行拉普拉斯逆变换：

$$v_{px}(t) = Bv_x(t) + (1 - B)A\int_0^t v_x(t)\exp(A(\tau - t))\mathrm{d}\tau \tag{3-14}$$

代入 A、B 得 X 方向沙粒运动方程为：

$$v_{px}(t) = \frac{\rho}{\rho_p} v_x(t) + \left(1 - \frac{\rho}{\rho_p}\right) \frac{9\mu C_1}{2r^2 \rho p} \int_0^t v_x(t) \exp\left(\frac{9C_1\mu}{2r^2\rho_p}(\tau - t)\right) d\tau \quad (3\text{-}15)$$

同理得到 Y 方向沙粒运动方程为：

$$v_{py}(t) = \frac{\rho}{\rho_p} v_y(t) + \left(1 - \frac{\rho}{\rho_p}\right) \frac{9\mu C_2}{2r^2 \rho_p} \int_0^t v_y(t) \exp\left(\frac{9C_2\mu}{2r^2\rho_p}(\tau - t)\right) d\tau \quad (3\text{-}16)$$

3.1.3　冲蚀磨损微切削理论

沙粒切削运动中有两种可能出现的结果，当冲蚀角较小时，沙粒离开材料表面还残留水平运动速度；或者冲蚀角较大时，沙粒尚未离开材料表面其动能耗尽而停止运动。所以在沙粒冲蚀磨损中冲蚀角是一个十分重要的参数。

在 FINNIE[2] 提出的完整的塑性材料微切削理论中考虑了粒子束对材料的冲蚀，针对低冲蚀角下冲蚀磨损量与冲蚀角度的定量表达式为：

$$W = \begin{cases} c\dfrac{Mv^2}{\psi px}\left(\sin 2\alpha - \dfrac{6}{x}\sin^2\alpha\right) & 0° < \alpha \leqslant \alpha_0 \quad (3\text{-}17) \\[3mm] c\dfrac{Mv^2}{6\psi p}\cos^2\alpha & \alpha_0 < \alpha \leqslant 90° \quad (3\text{-}18) \end{cases}$$

式中，M 是粒子束的总质量；v 是冲蚀速度；ψ 是切削长度与切削深度之比，根据金属切削试验经验取 $\psi=2$；x 是粒子水平与垂直分力之比，取比值为 2；p 是材料的塑性流动应力；c 是粒子数种能起到切削作用的粒子所占百分数；W 是冲蚀体积；α_0 是临界冲蚀角。

冲蚀率随冲蚀角的变化呈现出两种规律：一方面，当冲蚀角小于临界角时，材料冲蚀率或冲蚀体积随冲蚀角的增加而明显增大，发展趋势如式（3-17）。但是，当冲蚀角大于临界角后，材料的冲蚀率随冲蚀角的增加而逐渐降低，其发展趋势如式（3-18）所示。

FINNE 的冲蚀微切削理论能够较好的解释低冲蚀角下塑性材料受刚性磨粒冲蚀，但是在高冲蚀角下材料冲蚀磨损规律并不适用此模型。冲蚀切削理论的另一个缺点是粒子入射速度与材料失重率之间存在的二次方关系，然而试验中测定出的速度指数往往都在 2 与 3 之间。引起这种现象的可能原因是压痕理论中出现的凹坑并不一定都必然成为冲蚀磨屑从靶材表面流失，可能有部分材料仍然留存在压痕凹坑的边缘。尽管 FINNE 的冲蚀模型运用范围有限，不过它是研究材料冲蚀磨损以来最完整的理论模型，为其他理论的推导奠定了基础[3]。

3.1.4　变形磨损理论

BITTER 对 FINNE 冲蚀磨损模型的不足做出了补充，提出冲蚀的变形磨损理论[3]。他的主要出发点是冲蚀过程中的能量平衡：当沙粒冲击材料平面时，入射粒子对材料表面的冲击力若达到并超过材料的屈服强度，材料就会出现弹性变形或塑性变形。冲蚀磨损冲蚀率可以表示为：

$$W = -\frac{1}{2}M(v\sin\alpha - k)^2 / \varepsilon \tag{3-19}$$

式中，W 为变形磨损体积；M 为入射粒子的总质量；v 为冲蚀速度；k 为临界速度；ε 为变形磨损因子；α 为冲蚀角。

3.1.5　磨损预估计模型

美国塔尔萨大学的冲蚀/腐蚀研究中心综合考虑流体速度、流体黏性、流体密度、沙粒大小、沙粒密度、沙粒形状、过流部件形状以及材料等参数的影响，提出了一种磨损预估计模型，其磨损预估半经验公式为[4]：

$$E_r = \left[A\left(\frac{v_P}{0.304\,8}\right)^{1.73} f(\alpha_1) \right] \times 10^{-9} \tag{3-20}$$

式中，α_1 为颗粒的冲击速度矢量与材料壁面切向速度的夹角。

$f(\alpha_1)$ 是 α_1 的函数，其定义为：

$$f(\alpha_1) = \begin{cases} a\alpha_1^2 + b\alpha_1 \\ X\cos^2\alpha_1\sin(\omega\alpha_1) + Y\sin^2\alpha_1 + Z \end{cases} \tag{3-21}$$

各经验系数的取值见表 3-1。

表 3-1　各经验量纲一系数的取值

材料	A	δ	a	b	ω	X	Y	Z
碳钢	—	15	−3.84	2.27	1.000	3.147	0.360 9	2.532
铝	2.388×10^2	10	−35.79	12.30	5.205	0.147	0.745 0	1.000

3.2　冲蚀磨损数值分析

冲蚀磨损的数值分析主要是针对沙粒受力情况的解析。运用流体动力学软件（Fluent）模拟冲蚀磨损作用过程，然后将数值模拟结果和试验分析结果对比，研究冲蚀磨损机理。数值计算的主要流程如图 3-2 所示。

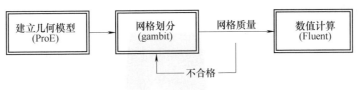

图 3-2　数值计算流程

3.2.1　数值计算几何模型及网格

（1）几何模型

以转盘式磨损试验台为原型，建立冲蚀磨损的三维数值模拟模型，其结构如图 3-3 所示。

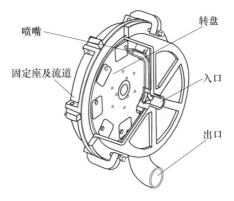

图 3-3　冲蚀磨损试验装置结构

在冲蚀过程中，含沙水以一定压力（或速度）从入口流入，经过 4 个喷嘴喷射到高速旋转的转盘表面，最后通过出口流出，转盘系统内部存在液固两相流体。试验系统的转盘直径为 300 mm，喷嘴内径为 3 mm。冲蚀磨损的无孔转盘如图 3-4 所示。

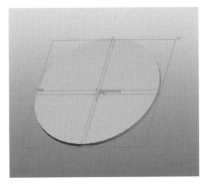

图 3-4　冲蚀磨损的无孔转盘

（2）计算模型网格（图 3-5）

图 3-5 模型网格

将计算模型划分为两个区域：旋转区域以及固定区域，采用自适应性强的非结构化四面体网格划分流体区域，转动区域进行网格加密处理，划分出来的网格共有 508 409 节点，2 289 912 个网格，见表 3-2。

表 3-2 模型网格的节点数及单元数

区域	转动区域	固定区域	合计
节点数	205 278	303 131	508 409
单元数	846 178	1 443 734	2 289 912

3.2.2 控制方程

在 Fluent 软件中模拟冲蚀过程，采用欧拉—拉格朗日方法，沙粒运动轨迹通过对拉氏坐标系下的沙粒作用力微分方程积分来求解。将前面的沙粒运动受力分析从二维扩展到三维，则沙粒射入方向，即 z 方向的沙粒作用力平衡方程为：

$$\begin{cases} \dfrac{\mathrm{d}v_p}{\mathrm{d}t} = F_D(v - v_p) + \dfrac{g_z(\rho_p - \rho_l)}{\rho_p} + F_z \\[2mm] F_D = \dfrac{18\mu}{\rho_p d_p^2} \dfrac{C_D Re}{24} \\[2mm] Re = \dfrac{\rho_l d_p \left| v_p - v \right|}{\mu_l} \\[2mm] C_D = a_1 + \dfrac{a_2}{Re} + \dfrac{a_3}{Re^2} \end{cases} \tag{3-22}$$

式中，ρ_l 为水流相密度；d_p 为沙粒直径；μ_l 为水流相分子动力黏度；Re 为相对雷诺数；C_D 为曳力系数；g_z 为 z 方向重力加速度；F_z 为 Z 方向的其他作用力：包括附加质量力、热泳力、布朗力、Saffman 升力和参考坐标系旋转引起的作用力。

3.2.3 数值计算方法和边界条件

冲蚀磨损数值模拟中，流场采用沙粒离散相模型定常计算。将模拟转盘表面流动区域定义为多重旋转坐标系。湍流模型选择标准 k-ε 湍流模型，其中采用 SIMPLE 算法实现速度和压力之间的耦合。各种变量和湍流黏性参数采用二阶迎风格式离散。沙粒初始速度等于水流射入速度，设置沙粒直径为 0.2 mm。将流体相的入射速度转换为压强能，从而转盘系统计算模型的边界条件都采用压力进口和压力出口，边界条件和实际情况相符。计算的固壁上使用无滑移条件，近壁区采用壁面函数法，沙粒撞击壁面采用多项式回弹系数，同时考虑沙粒对壁面的磨蚀。解算过程中，连续相和离散相采用相间计算，每计算 5 步连续相后，耦合计算 1 步沙粒离散相。为了达到良好的收敛效果和连续性，将 x、y、z 方向速度，k、ε 等解算收敛残差精度设置为万分之一。

3.2.4 数值计算结果分析

数值计算 4 000 步后，观察收敛效果，发现收敛曲线已经非常平滑，观察进出口流量发现进口流量和出口流量大致相同，可以认为迭代已经完成。

数值计算完成后，通过观察计算结果的总压（total pressure）、离散相含沙量 C_P（DPM concentration）、沙粒轨迹追踪（paritcle track）三个流场来研究冲蚀磨损的结果。总压以等值线图表示，不同颜色表示不同的压力数值，单位为 Pa。沙粒浓度 C_D 是指转盘前表面单位体积区域内所遇到撞击沙粒的质量，单位为 kg/m^3。沙粒轨迹追踪表示在固液两相流运动过程中固体相的运动规律。

图 3-6 为冲蚀磨损下转盘表面总压等值线分布，从图中可以发现压力最大的地方分布在转盘边缘，并且总压沿着转盘轴向依次递减。转盘的高速旋转会使得转盘中心压力降低，极端情况是形成中空，数值分析出来的总压可以达到 7.03×10^4 Pa。

图 3-7 为冲蚀磨损下转盘表面沙粒的浓度分布。沙粒的浓度分布也是沿着转盘轴向依次递减。高速含沙水流在离心力的作用下有向外逃逸的趋势，从而使得沙粒在转盘表面的分布呈现出磨损转盘边缘集中、中心稀少的分布。图中沙粒的最大浓度为 0.47 kg/m^3。

利用随机轨道模型对沙粒的运动轨迹进行追踪，总共捕捉到了 128 个沙粒，其中有 8 个沙粒逃逸。沙粒随着含沙水流从喷嘴进去转盘室，随着转盘高速旋转，同时对转盘和壁面进行切削磨损。沙粒大部分集中在转盘外边缘，在转盘室壁面的约束下随着转盘一同旋转，最后随水流从出口一同排出（图 3-8）。捕捉到的沙粒中，在转盘室内停留的时间最长为 2 s。

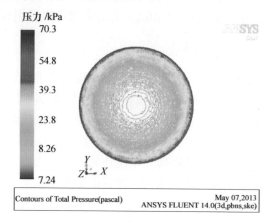

图 3-6　冲蚀磨损下转盘表面总压等值线分布

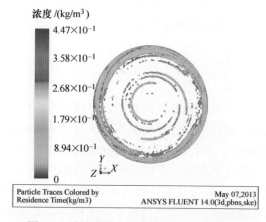

图 3-7　冲蚀磨损下转盘表面沙粒浓度分布

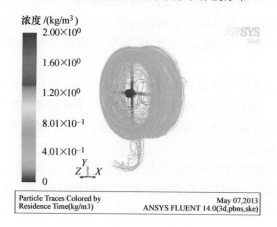

图 3-8　冲蚀磨损沙粒运动轨迹

3.3　冲蚀磨损的试验研究

冲蚀磨损是一个错综复杂的过程，并且受到很多因素的影响。在试验室条件限制范围内只能对影响冲蚀磨损的主要因素进行研究。通过对相关文献的总结，重点考察了冲蚀速度、冲蚀角、含沙量以及材质对冲蚀磨损的影响。

3.3.1　试验方案与试件规格

（1）试验方案

在不同冲蚀角、不同冲蚀速度、不同含沙量的工况下，对比研究试验材料的抗冲蚀磨损性能。试验过程中间断的冲蚀 24 h，每 4 h 停机一次，取出试件用水清洗干净后用吹风机吹干，并用 AB304-S 电子秤对试件称重，精度 0.1 mg；并通过相机记录试件磨损形貌。试验完毕后运用扫描电子显微镜对典型试件进行扫描分析。试验的总体方案如图 3-9 所示。

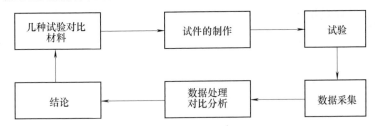

图 3-9　试验的总体方案流程

（2）材料的选择及试样的制备

选取五种常见工程金属材料，其中三种塑性材料，ZG200、45 钢、40Cr；两种脆性材料，HT200、QT500，其物理性能如表 3-3 所示[5]。

表 3-3　五种常见工程金属材料的物理性能

材料	σ_b/MPa	σ_s/MPa	HB	δ（%）	ψ（%）	金相组织
45 钢	≥600	≥355	170～220	≥10	≥40	珠光体
ZG200	≥400	≥200	230～280	≥25	≥40	索氏体
40Cr	≥635	≥440	229～269	≥10	≥35	索氏体
HT200	≥220	≥150	170～240	—	≤10	珠光体
QT500	≥500	≥300	170～230	≥7	—	珠光体

注：表中 σ_b 为抗拉强度，σ_s 为抗压强度，HB 为试验材料的硬度，δ 为延伸率，ψ 为收缩率。

根据磨损试验台的结构尺寸设计制作了冲蚀磨损转盘及冲蚀磨损试样，其规格尺寸如图 3-10 所示。

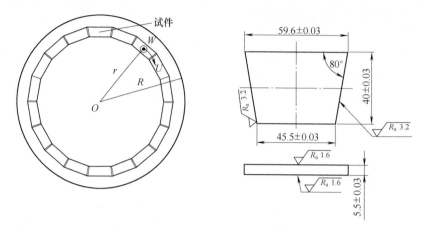

图 3-10 冲蚀磨损转盘与冲蚀磨损试样

试验前，对所有的试样编号，并用碱液和流水洗去表面的油污，试样清洗完毕后吹干，并称量试件的质量。

3.3.2 试验过程

在转盘式磨损试验台处于正常运行情况下，进行冲蚀磨损试验。试验采用普通湘江沙，冲蚀时间为 24 h。影响冲蚀磨损的主要流场因素包括含沙量 C_P、冲蚀速度 v 以及沙粒冲蚀角度 α。

（1）含沙量 C_P 的试验过程

含沙量是指试验水流中沙粒的浓度。在电动机转速为 1 650 r/min、流量为 2.15 kg/m³ 条件下，研究不同含沙量对材料冲蚀磨损的影响。沙粒的粒径 d=0.2 mm，含沙量的取值依次为 1.29 kg/m³、1.64 kg/m³、1.75 kg/m³（含沙量取值与数值模拟相对应）。

（2）冲蚀速度 v 的试验过程

冲蚀速度是含沙水流的绝对冲蚀速度，是转盘牵引速度与含沙水流从喷嘴的出流速度的合速度，如第 2 章所述。在名义冲蚀角为 20°条件下，考虑不同冲蚀速度对材料磨损的影响。沙粒的粒径 d=0.2 mm，冲蚀速度的取值依次为 50 m/s、45 m/s、40 m/s、35 m/s。

（3）冲蚀角 α 的试验过程

冲蚀角是含沙水流的绝对速度与磨损转盘表面的夹角。在冲蚀速度为 45 m/s 条件下，对比不同冲蚀角下材料冲蚀磨损规律。沙粒的粒径 d=0.2 mm，冲蚀角的取值依次为 10°、15°、20°、25°。

试验的具体参数见表 3-4。

表 3-4　冲蚀磨损试验内容及参数

研究内容	试验组数	工况条件		
		含沙量 C_P/(kg/m³)	冲蚀角 α /(°)	冲蚀速度 v/(m/s)
含沙量 C_P	A1	1.29	20	40
	A2	1.62	20	40
	A3	1.75	20	40
冲蚀角 α	B1	1.29	15	40
	B2	1.29	20	40
	B3	1.29	25	40
冲蚀速度 v	C1	1.29	20	35
	C2	1.29	20	40
	C3	1.29	20	45
	C4	1.29	20	50

3.3.3　试验结果

　　试验 24 h 后，冲蚀磨损试验转盘的磨损试验结果如图 3-11 所示。磨损转盘表面的冲蚀磨损磨痕沿着圆周连接成了一个完整的圆环。圆环的宽度均值为 3 mm，与出流喷嘴的直径相当，这就证明水流在冲击到试件的过程中没有发散，含沙水流的冲蚀磨损效果良好。

图 3-11　冲蚀磨损试验转盘

　　图 3-12 是 45 钢试件在冲蚀磨损试验 24 h 后的 SEM 照片，从图中可以清楚地看出含沙水流在试件表面留下了大量的犁沟状磨痕，这是沙粒对试件微切削的结果。45 钢是典型的塑性材料，并且硬度不高，故其流动应力较小，材料表层很容易被破坏。图中还可看出犁沟的整体走向大致在同一方向，但是在局部显得非常凌乱。因为犁沟是由沙粒切削而成，沙粒是随着水流一起运动，水流在磨损转

盘的带动下朝同一方向旋转，故犁沟的走向反映了含沙水流的流向，而造成犁沟局部紊乱的原因是，高速含沙水流处于湍流完成发展状态，磨损转盘微流边界层的黏性阻力妨碍了水流的运动，在黏性底层形成了周期性猝发涡，扰乱了水流的流线，从而造成犁沟的局部凌乱。

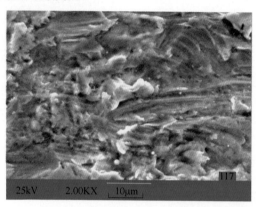

图 3-12 　45 钢冲蚀磨损微观形貌

3.4 冲蚀磨损的主要影响因素

沙粒冲击到材料表面上，除沙粒速度低于某一临界值外，一般都会造成材料的冲蚀磨损，即为材料的冲蚀率。材料的冲蚀率是一个受工况影响的系统参数，它不仅受沙粒的速度、粒度、浓度及形状的影响，而且还受到材料的物理、机械性能的作用。同一种材料制造的零件，在固液两相流控制参数稍加变化时，其耐冲蚀性就可能发生大幅度变化。某一工况下有良好耐冲蚀性能的材料在另一种条件下可能并不耐冲蚀。通过模拟水轮机现场的各种工况进行冲蚀磨损模拟试验，研究材料的材质、含沙量、冲蚀速度、冲蚀角对材料摩擦学性能的影响，从而得出冲蚀磨损的一般磨损规律。

3.4.1 材料性质

冲蚀磨损过程中不同的材料有不同的磨损特性,通过比较冲蚀磨损破坏规律,选择更耐冲蚀的材料,这对设计更耐冲蚀的过流部件和对水轮机的修复有很大的实际意义。金属材料的物理性能对其抗磨性有重要的影响,如硬度、脆性、韧性和强度等。试验材料的物理性能见表 3-3。

在相同工况下比较不同材质对冲蚀磨损的影响。表 3-5 是在相同工况下五种试验材料的磨损量随时间变化关系。从表中可以看出,材料的耐磨性能依次是:ZG200-400、40Cr、45 钢、QT500-7、HT200,这由材料的性质决定。HT200 的金相组织主要由片状石墨和珠光体，片状石墨的存在割裂了基体，从而破坏了基体的连续性，层间的结合力减弱，故其强度低、塑性差，在磨粒的反复冲击作用下，表面产生微裂纹，最终脆性断裂而剥落。QT500-7 的金相组织为球状石墨和珠光体，故对金属基体的割裂与损伤作用远小于片状石墨，因此在相同条件下磨损量要比 HT200 小。而 45 钢虽然由珠光体组成，但由于其有很高的韧性，能够抗沙粒的切削，固磨损量要比 QT500-7 低。ZG200-400、40Cr 金相组织是索氏体的材料其耐磨性要比珠光体的材料高[6]，而对于韧性材料和脆性材料，其硬度则是与磨损性能有密切关系的参数，ZG200-400 的硬度比 40Cr 要高，因此，ZG200-400 最耐磨。

表 3-5　五种材料的磨损量随时间变化关系　　　　　　（单位：g）

材料	原重	时间/h					
		4	8	12	16	20	24
45 钢	90.223 1	90.185 8	90.155 0	90.150 1	90.001 5	89.737 8	89.437 3
40Cr	90.542 8	90.511 1	90.483 1	90.477 9	90.336 2	90.080 3	89.779 7
ZG200-400	89.630 5	89.598 3	89.571 6	89.567 4	89.414 0	89.154 4	88.866 8
QT500-7	81.855 2	81.798 0	81.756 0	81.745 8	81.443 7	81.232 1	80.884 5
HT200	82.230 8	82.179 0	82.134 0	82.121 8	81.909 6	81.607 5	81.199 7

韧性材料在沙粒磨损下的质量损失主要是由沙粒的微切削运动所造成的，因此，韧性材料中硬度较高者，沙粒压入金属表面的深度和切削运动距离均较小，因此试件的磨损量较小。当其他磨损因素相同时，对一定的沙粒冲击动能 $1/2m_p v_p$，材料微切削磨损体积损失将与材料的流动应力 p' 成反比，而 $p'=HB/3$（HB 为布氏压痕硬度），因此，材料在沙粒切削磨损时的损失与其硬度成反比，即 $1/2m_p v_p \sim 1/HB$，随着硬度的提高，韧性材料的抗磨性能随之上升。

脆性材料脆性增高时，在一定的磨损能量水平下，可能使其变形疲劳磨损量增加，也易产生冲击裂纹，进而剥落导致相对较大的磨损量。脆性材料尽管其硬度较高，抗切削能力强，但由于其韧性较弱，抗变形磨损能力低，易剥落，因此，脆性材料比韧性材料更易磨损。

可见，材料的耐磨性能取决于材料的材质，材料的金相组织决定了材料的硬度，对于韧性材料，其硬度越高，耐磨性也就越好。而脆性材料的耐磨性则取决于材料硬度和抗变形能力。

3.4.2　含沙量 C_P

沙粒的加入主要是对材料的表面形成微切削和变形磨损，从而加速材料的磨损。沙粒对冲蚀磨损的影响最直观的表现就是材料冲蚀率的升高。其次就是改变材料的微观形貌，材料性质不同冲蚀磨痕也大不相同。

（1）数值分析

从第二节可知，可以从磨损试验转盘表面沙粒的浓度以及沙粒的运动轨迹分析冲蚀磨损的作用过程。图 3-13 是在不同进沙量（C_I）下转盘表面沙粒的浓度分布（C_P）。从图中可以发现在含沙量从 1 g/s 上升到 4 g/s 过程中，沙粒浓度最大值从 1.6 kg/m³ 增大到了 7.06 kg/m³。在回转过程中由于受到离心力的作用，沙粒集中到转盘的边缘；随着含沙量的增大沙粒浓度也在持续增大，经比较发现，数值模拟结果与试验结果相当吻合。

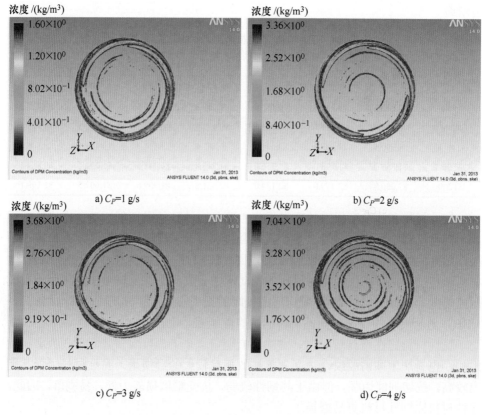

a) C_P=1 g/s

b) C_P=2 g/s

c) C_P=3 g/s

d) C_P=4 g/s

图 3-13　不同进沙量下转盘表面沙粒浓度的分布

运用随机轨道模型追踪沙粒的运动轨迹，分析沙粒的运动规律。壁面设置为反射（reflect），出口设置为逃逸（escape）。图 3-14 是不同含沙量下捕捉到的沙粒运动轨迹。沙粒在运动过程中，有的直接嵌入到了转盘表面的材料中，运动停止；有的在撞击过程中破碎发生二次冲击（这种沙粒的轨迹捕捉不到）；大部分是从出口逸出。从图 3-14 可知，随着含沙量的增大，沙粒间的相互作用增强，这样使得沙粒的速度减小，动能减弱，从而沙粒在转盘室内停留的时间变长。

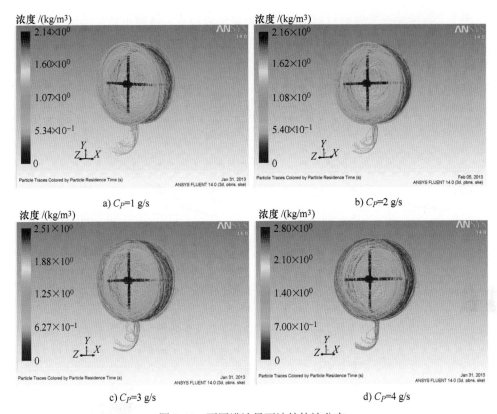

a) C_P=1 g/s　　　　　　　　b) C_P=2 g/s

c) C_P=3 g/s　　　　　　　　d) C_P=4 g/s

图 3-14　不同进沙量下沙粒轨迹分布

（2）试验研究

在转盘式磨损试验台上得到了含沙量分别为 1.29 kg/m³、1.62 kg/m³、1.75 kg/m³，流量为 40%，转速为 1 650 r/min 时的磨损试验结果，根据结果绘制磨损试件磨损量与时间的关系曲线，如图 3-15 所示。

从图中的材料磨损曲线可以看出，材料的磨损量与含沙量成正比，含沙量愈大，材料的冲蚀磨损愈严重。并且在这五种试验材料中，以 HT200 和 QT500 的磨损量最大，而 ZG200 的耐冲蚀性能最好。

为了便于比较材料的冲蚀率与含沙量之间的关系，根据试验结果绘制了不同含沙量与材料的磨损量之间的关系曲线，如图 3-16 所示。从图中可以看出，五种材料的磨损量随含沙量增大而明显增加，当到达某一含沙量时（1.64 g/m³），这种增大的趋势变小，曲线有明显的转折点，说明含沙量的影响已基本达到临界值，材料的冲蚀磨损量很小。粒子在冲刷时与材料表面的微凸体相撞，连续的冲击造成材料的表面被磨平，材料表面与粒子的接触面积更多，磨损量加大；材料的疲劳程度达到极限，也加剧了材料的磨损。从而得出当含沙量的影响没达到临界值之前，增大含沙量可以明显增加磨损量，到达临界值后，沙粒相互之间的碰撞机会增大，再增加含沙量对材料的冲蚀磨损量影响很小。该图也显示冲蚀 24 h 后，在同一工况条件下，五种材料的耐磨性能从高到低依次为：ZG200、40Cr、45 钢、QT500、HT200。

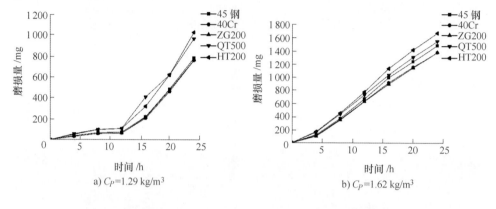

a) C_P=1.29 kg/m³   b) C_P=1.62 kg/m³

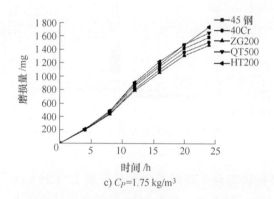

c) C_P=1.75 kg/m³

图 3-15 不同含沙量下材料的磨损量与时间变化曲线

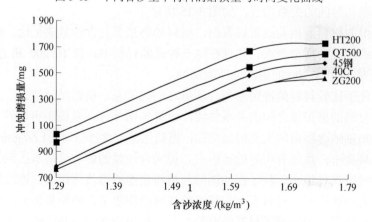

图 3-16 不同含沙量与材料冲蚀磨损之间的关系曲线

　　含沙量的变化对材料的磨损存在促进和抑制作用，在没达到临界值以前，材料的磨损量随着含沙量的增加而增大，促进作用占主导；当含沙量继续增加到临界值，流体的黏性阻力增加，同时沙粒间的碰撞机会增多，因而冲击材料表面的沙粒比例相对减小，因而含沙量的变化对材料的冲蚀磨损影响不是很明显，这是由于抑制作用占主导。

3.4.3　冲蚀速度 v

（1）数值分析

　　在冲蚀磨损过程中，含沙水的冲蚀速度决定了流场的特性，从而改变了转盘室内的压力。图 3-17 是不同冲蚀速度下压力的分布等值线图。冲蚀磨损的压力等值线沿着转盘周向分布，冲蚀速度与转盘室内冲击压力成正比例上升。随着冲蚀速度的提高，转盘室内流体损失增大，压力梯度增大，冲击压力持续增大，其中数值模拟记录的最大冲击压力达到了 10^5 Pa。

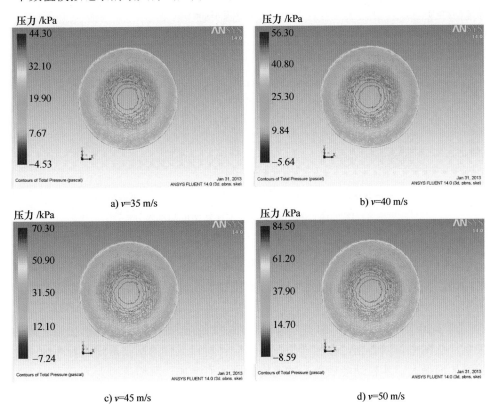

图 3-17　不同冲蚀速度下压力的分布等值线

　　图 3-18 是不同冲蚀速度下，转盘表面沙粒浓度的分布。随着冲蚀速度增大，

沙粒浓度降低。出现这种现象的原因包括两个方面：一方面，也是主要原因，沙粒的速度越大，产生的离心力越强，沙粒更容易被甩出转盘室；另一方面，沙粒从入口进来冲击到材料表面，速度越大，动能越强，沙粒对材料的冲击越大，从而增大了沙粒嵌入到材料表面的概率。

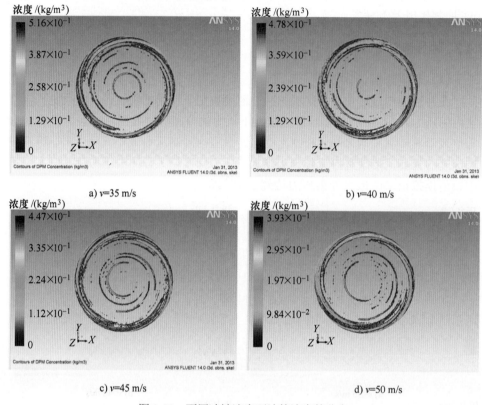

图 3-18　不同冲蚀速度下沙粒浓度的分布

（2）试验研究

在冲击角 $\alpha=20\degree$时，比较冲蚀速度分别为 35 m/s、40 m/s、45 m/s、50 m/s 时对冲蚀磨损的影响，在不同冲蚀速度下，磨损试件与冲蚀时间的关系曲线如图 3-19 所示。

图 3-20 是在冲蚀角为 20°、含沙量为 0.93 kg/m³ 时冲蚀速度与磨损量之间的关系，从图中可以看出，在相同工况下，同种材料试件的磨损量均随着冲蚀速度的增加而增大。沙粒动能随着冲蚀速度的增加而增加，磨损量增大。

在试验研究中韧性材料的冲蚀磨损以切削为主，而脆性材料的冲蚀磨损以切削和剥落为主。FINNIE 最早提出了切削模型，由于该切削模型没考虑到流体的黏性造成的黏性阻力 $F_D = 6rv_p\mu\pi$，叶片表面水流速度为 0，因此沙粒切削运动方程式可表示为：

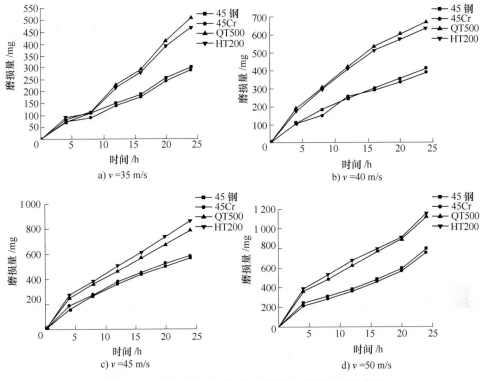

图 3-19　不同冲蚀速度下材料磨损量与时间的关系曲线

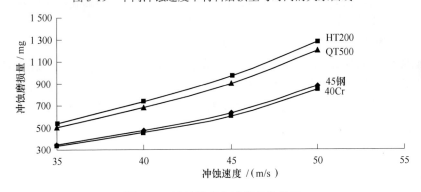

图 3-20　冲蚀速度与磨损量的关系

$$m_p Y'' + \phi Y b x = 0$$

$$m_p X'' + \phi Y b q + F_D = 0 \qquad （3-23）$$

$$I\theta'' + \phi Y r b q = 0$$

以及沙粒冲击材料表面所切削的磨损量 J：

$$J = b \int_0^{t_c} Y_T \mathrm{d}X_T = b \int_0^{t_c} Y \frac{\mathrm{d}}{\mathrm{d}t}(X + r\theta)) \mathrm{d}t \qquad （3-24）$$

假定沙粒完成切削过程后，在离开材料表面时刻，仍有水平运动速度，切削时间为 t_c，则有：$\beta t_c = \pi$。结合式（3-23）、（3-24）最后得到单个沙粒造成的磨损量 J_0：

$$J_0 = \frac{m_p v_p^n}{qx\phi}\left(\sin 2\alpha - \frac{6}{x}\sin^2\alpha\right) - \frac{6\pi^2 r v_p^n \mu}{\beta^3}\sin\alpha \qquad （3-25）$$

式中，I 为沙粒相对于其重心的惯性矩；X'' 为沙粒水平方向的加速度；Y'' 为沙粒垂直方向加速度；θ'' 为沙粒转动加速度；r 为沙粒重心到切削表面的距离；u_p 为沙粒初始冲击速度；α 为冲蚀角；$\beta = \sqrt{\dfrac{x\phi b}{m_p}q}$；$F_Y$ 与 F_X 为在沙粒切削过程中的垂直与水平方向接触阻力；x 为 F_Y 与 F_X 的比值，假定为常数；φ 为切削高度与切削深度之比，假定为常数；q 为材料的塑性流动应力；μ 为黏性系数。

理论上单个颗粒对材料的磨损量应与速度成平方关系，即 $n=2$。然而在实际的工况中，含沙水流中的颗粒数很多，当含沙水流流速增加时，水流中的沙粒速度增加的同时，因流速的增加还会使单位时间内冲击叶片表面的沙粒数增加，同时也由于存在空蚀磨损，造成材料表面更多的磨损，因此材料的磨损量与速度的系数要增大。试验数据经拟合得，45 钢、40Cr、QT500、HT200 这四种材料的 n 分别为：2.3、2.3、2.4、2.4。这些数值与理论分析相一致。

从式（3-24）可知，在相应的冲蚀磨损条件下，随材料硬度的提高或金属韧性的下降，速度指数 n 降低；随着冲蚀速度的增大，而流体的黏性阻力也增大，从而降低了沙粒的冲击速度，因此导致了速度指数的下降。

所以，速度方指数 n 表征磨损量随速度变化的规律，是估算水轮机磨损程度时所必须确定的参数，同时，也是评价水轮机耐磨材料磨损性能必须确定的参数。

在之前的冲蚀速度影响的数值分析中，沙粒的速度越大，磨损转盘的磨损量越大；同时转盘室内压力随着冲蚀速度的增大而增大，从而更进一步地促进了材料的流失。

综合上面的分析，冲蚀速度与磨损量的一般规律为：沙粒冲蚀速度与磨损强度之间呈指数关系，随着冲蚀速度的增加，磨损强度也相应增大。在相应的冲蚀磨损条件下，随材料硬度的提高，或金属韧性的下降，速度指数 n 降低。随着冲蚀速度的增加，而流体的黏性阻力也增大，从而降低了沙粒的冲击速度，因而导致了速度指数 n 的下降，黏性流体的减速作用在水轮机的冲蚀磨损中起重要作用。材料的磨损机理仍然与实际冲蚀角有关，下面将详细叙述。

3.4.4　冲蚀角 α

（1）数值分析

图 3-21 是在不同冲蚀角下，转盘表面压力的变化等值线图。从图中可以看出，

随着冲蚀角增大，转盘室内最大冲击压力下降。冲蚀角的变化扰乱了转盘室流场特性，水流随转盘的转动惯性受阻，压力梯度的变化变小，从而使得转盘室内的压力减小。

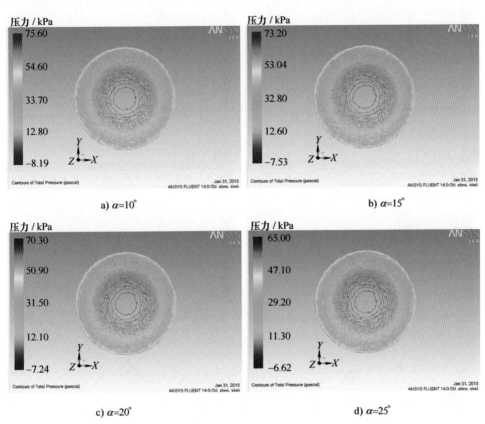

a) $\alpha=10°$　　　　　　　　　　　　b) $\alpha=15°$

c) $\alpha=20°$　　　　　　　　　　　　d) $\alpha=25°$

图 3-21　不同冲蚀角下转盘表面压力变化等值线

冲蚀角对沙粒浓度的分布有重要影响，图 3-22 是不同冲蚀角下沙粒浓度的分布云图，在小的冲蚀角下，沙粒对转盘表面的冲击属于弹性碰撞，沙粒回弹到转盘室内，由于沙粒的动能大幅度减小，沙粒撞击后分布得比较分散；另一方面，冲蚀角越大磨损转盘表面沙粒的浓度越大。

（2）试验研究

在冲蚀速度 $v=45$ m/s，比较冲蚀角 α 分别为 15°、20°、25°时对冲蚀磨损的影响。图 3-23 是不同冲蚀角度下，磨损试件磨损量与时间的性能曲线。

冲蚀角决定了冲蚀磨损的破坏形式，是影响冲蚀磨损最重要的因素。随着冲蚀角的增大材料的磨损量持续增大，同时也是脆性材料的磨损量比塑性材料更大。图 3-24 是冲蚀速度为 45 m/s，含沙量为 0.74 kg/m³ 时冲蚀角度与材料磨损量之间

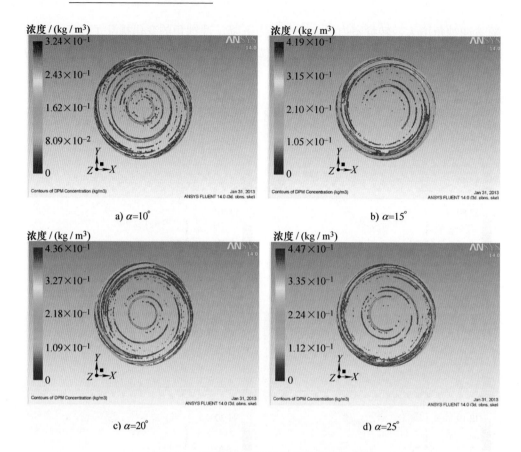

图 3-22 不同冲蚀角下沙粒浓度的分布云图

的关系，从图中可以看出，所有材料的磨损量都随着冲蚀角度的增加而增大，这是由于冲蚀角度的增加，沙粒随材料的冲击力增大，从而能破坏更多的组织结构和分子间作用力，从而造成更多的磨损量。HT200 的冲蚀磨损量要比其他材料要大，这是因为在材料的组织结构，HT200 的组织结构比其他材料要差；其次随着冲蚀角的增大，颗粒对材料的撞击也越大，HT200 是脆性材料，易剥落，故磨损率增大。

在冲蚀角度影响的数值分析中，也得出了相同的结论，随着冲蚀角的增大，沙粒对材料表面的冲击分量持续增大，从而加速了材料的冲蚀磨损。

3.4.5 环境温度的影响

温度对材料冲蚀的影响难以用简单规律描述。某些试验结果表明，温度增加冲蚀率上升。但在温度过高时因靶材表面氧化，氧化膜的出现反而提高了材料的抗冲蚀能力。如氧化膜被冲蚀脱离母材，高温下材料表面会再度氧化形成新的膜，

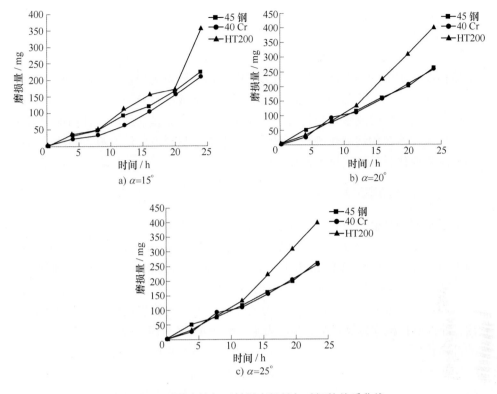

图 3-23　不同冲蚀角下材料磨损量与时间的关系曲线

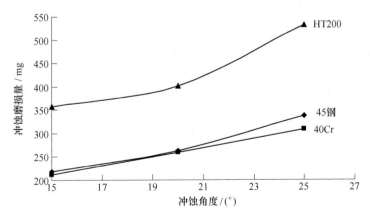

图 3-24　冲蚀角度与材料磨损量之间的关系

这些因素都会不同程度地影响材料的冲蚀率。因此温度对冲蚀率影响与靶材性质有关。不过除了环境温度外，入射粒子冲击靶材表面时会向它释放能量，从而导致靶材局部升温，两种温度都会对靶材表面发生影响而使问题更加复杂。利用金相技术观测冲蚀表面发现有局部熔化现象[7]。

3.5 冲蚀磨损机理研究

沙粒以一定的冲蚀角冲向材料边界层中。由于猝发现象,扫掠流团携带沙粒以很大的速度,并以实际冲蚀角冲击材料表面,造成了材料的磨损。对于脆性材料,磨损形式以疲劳剥落和犁沟为主,而韧性材料主要是切削,这种扫掠力力图使材料表面与沙粒的运动轨迹相一致,从而造成了材料表面的磨痕。当冲蚀的影响因素发生变化时其磨损机理也会发生变化。

3.5.1 冲蚀磨损微观形貌观察

为了研究冲蚀磨损对材料的作用过程,运用扫描电镜观察试件磨损后的微观形态,观察磨痕的走向以及磨痕深度。图 3-25 是含沙浓量 1.29 kg/m³,电动机转速为 1 650 r/min,流量为 2.15 m³/h 下不同含沙量时五种材料的表面微观形貌照片。

图 3-25a 是 45 钢在含沙量为 1.29 kg/m³ 中冲蚀磨损微观形貌,试样表面有鱼鳞状的唇片,形成的短程犁沟与水流方向一致,并伴有微裂纹和压坑,痕迹相对较浅,冲蚀磨损机理以微切削、犁沟为主。由于 45 钢的韧性较好,在含沙水流连续的冲击作用下,材料表面发生微切削,产生了塑性变形,造成了材料的破坏。

图 3-25b 是 40Cr 在含沙量为 1.29 kg/m³ 中冲蚀磨损微观形貌,表面有鱼鳞状的唇片,变得粗糙并有一些微裂纹和小凹坑,表面形貌磨损形式是以切削、犁削为主。因为在磨粒的反复冲击挤压下,材料表面产生塑性变形,并经多次的碾压而形成片状变形层,在该层的边缘开裂、翻边,形成凹坑及凸起的唇片,继而裂纹扩展连接形成磨屑。

图 3-25c 是 ZG200 在含沙量为 1.29 kg/m³ 中冲蚀磨损微观形貌,试样表面有鱼鳞状的唇片,形成的短程犁沟与水流方向一致,磨痕相对较浅,磨损机理主要是微切削。

图 3-25d 是 QT500 在含沙量为 1.29 kg/m³ 中冲蚀磨损微观形貌,表面有较深的犁沟,磨损较严重,QT500 的冲蚀磨损机理主要是切削和脆性剥落,QT500 的金相组织为球状石墨,故对金属基体的割裂与损伤作用远小于片状石墨,因此在相同条件下磨损量要比 HT200 小。

图 3-25e 是 HT200 在含沙量为 1.29 kg/m³ 中冲蚀磨损微观形貌,HT200 的表层明显的凹凸不平,磨损主要是脆性剥落和犁沟切削,表面存在较深的冲击坑,在凹坑的边缘凸起形成的鱼鳞坑。HT200 其金相组织主要是片状石墨和珠光体,片状石墨的存在割裂了基体,从而破坏了基体的连续性,层间的结合力弱,故其强度低塑性差,在磨粒的反复冲击和犁沟产生拉应力的作用下,表面产生微裂纹并继续扩展,最终脆性断裂而剥落。

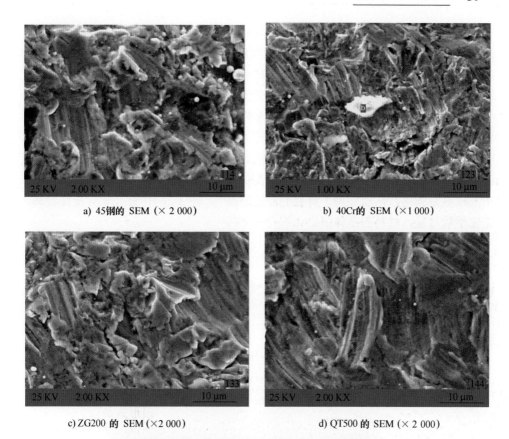

a) 45钢的 SEM (×2 000)

b) 40Cr的 SEM (×1 000)

c) ZG200 的 SEM (×2 000)

d) QT500 的 SEM (×2 000)

e) HT200 的 SEM (×500)

图 3-25　不同材料在含沙量 1.29 kg/m³ 下的观形貌

综合以上分析可以知道冲蚀磨损试件失效形式主要包括微切削、犁沟、脆性断裂和脆性剥落。塑性材料（45 钢、40Cr、ZG200）的失效以微切削为主，沙粒以一定的速度冲击材料表层，塑性材料具有良好的弹性，材料以变形为代价减弱沙粒的冲击动能，从而造成犁沟和微切削磨痕。脆性材料（QT500、HT200）的失效以疲劳破坏为主，沙粒反复冲击试样表面，而其弹性变形量较小，表面产生微裂纹并继续扩展，最终脆性断裂和疲劳剥落。

在以上五种材料的冲蚀磨损微观形貌中，都存在白色颗粒，这是因为在冲蚀磨损过程中，当液体的压力低于其汽化压力时形成气泡，在转轮的带动下，当液体压力超过其汽化压力时，在试样表面附近溃灭，将产生极大的冲击力和瞬时高温，从而使得材料与水发生氧化反应，生成氧化铁，氧化铁粒子在含沙水流的冲击下很容易剥落，从而加剧了材料的冲蚀磨损[8]。图 3-26 中 Si 元素含量比较高，是由于颗粒嵌入材料的基体中。

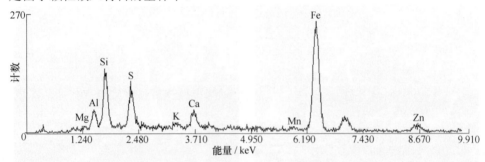

图 3-26　图 3-25b 中 b 点的能谱图

3.5.2　冲蚀磨痕的形成

（1）边界层分离以及涡的产生

流体内部的压力是与速度相关的，边界层处的速度保持不变，那么压力也就保持不变。另外，在任一距离 x 处，边界层横截面上的压力也明显地保持不变，所以，在同一距离 x 的横截面上，边界层内各点的压力与其相应的边界层外缘的压力大小相等。该结论可以用于具有任意外形的物体，这时边界层外缘的压力沿着叶片表面随弧长而变化。流体绕叶片曲面的流动如图 3-27 所示。

叶片表面上 $y=0$，$u_x=u_y=0$。于是 Pt 边界层微分方程变为：

$$\frac{\partial^2 u_x}{\partial y^2} = \frac{1}{\mu}\frac{\partial p}{\partial x} \qquad \frac{\partial p}{\partial y}=0 \qquad \frac{\partial u_x}{\partial x}+\frac{\partial u_y}{\partial y}=0 \tag{3-26}$$

在 B 点以前的区域内，势流区速度逐渐增加，压力降低，边界层内的流动 $\frac{\partial^2 u_x}{\partial x}>0,\frac{\partial p}{\partial x}<0$，得 $\left(\frac{\partial^2 u_x}{\partial y^2}\right)_{y=0}<0$。这说明在此区域内边界层的速度分布曲线在 x 轴方向呈凸形，且流动具有加速度，动能增加，水质点沿曲面前进，不会产生

边界层分离现象。

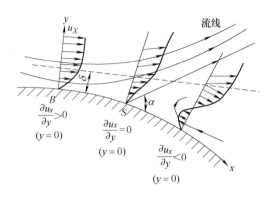

图 3-27 水绕叶片曲面的流动

在 B 点，该处边界层外边界上的速度最大，压力最低，即 $\frac{\partial p}{\partial x} = 0$，所以边界层内的 $\frac{\partial p}{\partial x} = 0$，则 $\left(\frac{\partial^2 u_x}{\partial y^2}\right)_{y=0} = 0$，$B$ 点以后的区域，边界层处边界上势流速度渐减，压力渐增，$\frac{\partial p}{\partial x} > 0$，$\left(\frac{\partial^2 u_x}{\partial y^2}\right)_{y=0} > 0$，边界层内整个沿 y 轴的流速分布图形中，流速均为正值，且在 $y = 0$ 处 $\frac{\partial u_x}{\partial y} > 0$，至 S 点达到零值，S 点以后则出现 $\frac{\partial u_x}{\partial y} < 0$，这表示沿叶片表面产生回流或旋涡现象，并将边界层内相继流来的水质点挤向主流，从而使边界层脱离叶片表面，形成边界层分离。

然而在含沙水流中，沙粒在 Pt 边界层中与水的速度梯度不同，产生的切应力不同，从而导致了边界层的扰动，更容易造成边界层的分离，沙粒的扰动也加剧了旋涡的产生。

（2）猝发现象

低速带一般出现在 $y^+=0\sim5$ 之间的黏性底层，在黏性底层中低速带在向下游流动的过程中，其下游头部常缓慢上举，低速带与叶片表面间的距离逐渐增大，低速带与叶片表面之间产生横向旋涡。旋涡在流场的作用下将受到向上的升力的作用，从而旋涡将顶托低速带使低速带上升。横向旋涡在向下游运行的过程中发生变形，成为马蹄形涡，马蹄涡的头部由于旋涡的诱导作用也随着向下游流动而逐渐上举。上举后由于流场中上部流速大，马蹄涡受到拉伸作用而变形。

在低速带上举、马蹄涡拉伸变形的过程中，流速较高的流体向下游俯冲，从而在高速与底层低速流体之间形成剪切层并使瞬时的 x 向流速分布曲线上出现拐点，增加了流动的不稳定性，促使层流向紊流的转变。

马蹄涡头部的上举最终形成底部低速流体向上层高速流动区域的喷射，同时伴随上层高速流体向下层俯冲而形成扫掠。喷射和扫掠都形成流体内部的剪切层，使断面瞬时流速呈现相当复杂的状况，扫掠过后瞬时的流速分布恢复正常，拐点消失。由马蹄涡的形成、发展到发生喷射和扫掠，整个过程称为猝发现象。扫掠过后，黏性底层中重新出现低速带，开始一个新的猝发过程，如图 3-28 所示。

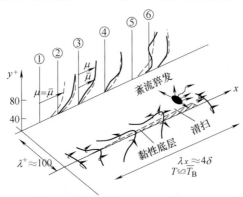

图 3-28　猝发过程

在图 3-28 中，表示了猝发现象的过程及各个阶段的流速分布曲线形状，图中实线为瞬时流速分布，虚线为时均流速分布。把相邻两个喷射之间的时间间隔作为猝发现象的周期，用 T_B 表示。由于该现象似乎按一定的次序发生，并具有一个平均周期的产生过程，所以又称为拟序结构。

流动稳定性理论主要研究紊流可能发生的流动条件而并未涉及紊流发生的物理过程。在流动稳定的情况下，即使产生明显的扰动，也将被衰减，因而流动形态并不会从层流转变为紊流。一旦流动失去稳定，在叶片表面黏性底层中，猝发现象将导致层流到紊流的转变，并提供维持运动所需要的大部分能量，从而在叶片表面上形成周期的磨痕。猝发现象则是紊流得以发生和赖以维持的物理过程。

（3）猝发现象对叶片磨痕成因分析

根据 Kolmogorov 的理论[9]对于较小尺度的旋涡运动，其控制参数包括：单位质量的能量耗损率 ε 和流体运动黏性系数 ν，由量纲分析，可得旋涡运动的速度 u_ν：

$$u_\nu = (\nu\varepsilon)^{\frac{1}{4}} \tag{3-27}$$

按 Kolmogorov 的各向同性的紊流理论[10]，边界层处单位质量的能量耗损率可表示如下：

$$\varepsilon = 15\nu \left(\frac{u}{\lambda}\right)^2 \tag{3-28}$$

式中，λ 是与 ε 相联系的小旋涡的长度尺度，本文主要研究边界层处的拟序结构中的扫掠过程，可考虑用近壁区的长度尺度 $\lambda = \nu / u_r$，因此得到：

$$u_\nu = (\nu\varepsilon)^{\frac{1}{4}} = 15^{\frac{1}{4}} (uu_r)^{\frac{1}{2}} \tag{3-29}$$

所以扫掠流团与流体之间的相对运动速度可如下定义：

$$u_c = (u - u_s) = a_2 u_\nu C \tag{3-30}$$

式中，α_2 是量纲一修正系数；C 是阻力系数。

所以 X 向扫掠流团速度为：

$$u_{sx} = u + a_2 u_\nu C$$

庞佑霞等[11]推出了扫掠流团速度公式为：

$$u_{sx} = u \left(1 - 0.28 \left(\frac{10}{Re_\delta}\right)^{0.25}\right) \tag{3-31}$$

$$Re_\delta = \frac{u\delta}{\nu}$$

式中，Re_δ 为边界层厚度雷诺数。

由于在 Y 向上沙粒的运动速度没多大变化，因此 $u_{py} = u_{sy}$。因此，沙粒的运动轨迹为：

$$x = u_{sx}t \qquad y = u_{sy}t \tag{3-32}$$

在没有发生猝发现象时，沙粒在边界层中的 X 向运动速度相对较小，尽管对叶片表面造成了磨损，但无法形成材料表面周期性的磨痕；而在发生猝发时，沙粒在 X 向的速度很大，因此扫掠流团能带动沙粒做周期性运动，以一定的实际冲蚀角冲击叶片表面，从而造成叶片的周期性磨痕。

实际冲蚀角为 α'：

$$\alpha' = \arctan \frac{y}{x} = \arctan \frac{u_{sy}}{u_{sx}} \tag{3-33}$$

所以，在转轮流道中，边界层中旋涡扰动携带沙粒以实际冲蚀角 α' 对叶片表面作周期性扫掠运动，由于扫掠流团的速度很大，沙粒所携带的能量也就很大，能够破坏叶片表面分子间的作用力，这种扫掠力图使叶片表面形状与沙粒运动轨迹相适应，从而导致了表面的磨痕。其中实际冲蚀角 α' 随着相对速度和牵连速度的变化而变化，因此对叶片表面的冲蚀方式也不一样，包括切削和冲击变形两种。其中 α 与 α' 是不同的，并且，一般 $\alpha < \alpha'$，其中 α 为冲蚀角，这是由于流体黏性的影响。

3.5.3 磨痕尺寸的估算

冲蚀磨损开始只有发生在该层的猝发才能对壁面产生机械刻画,因为黏性底层厚度很薄,猝发涡的波长也很小,故磨痕波纹波长和波高都非常小。随着磨损时间增加,波长和波高也增大,对黏性底层产生扰动和破坏作用加大,即猝发涡波长的尺度由 $L \propto l = y^2$ 逐步转变为 $L \propto l = ky$,进一步达到 $L \propto l = $ 常数。此时磨痕已破坏了黏性底层的结构,流动由水力光滑面变成了水力粗糙面。由于逐渐形成的波纹状磨痕与对应条件下猝发涡吻合,理论上有形磨痕形态不会再发展,而继续均匀磨深。

通过对 Pt 边界层猝发涡的计算,估计磨痕波纹的波长 λ 和波高 $\varDelta$,根据流体力学理论,即 x 点的雷诺数:

$$Rex = \frac{ux}{v} \tag{3-34}$$

WILHUARTH[12]由试验结果拟合出的猝发周期公式:

$$T_B = 0.65 \frac{v}{u_r} Re\theta^{0.76} \tag{3-35}$$

以 θ 为特征尺寸的紊流雷诺数:$Re\theta = \dfrac{u\theta}{v}$

式中,x 为沿 Pt 边界层坐标自绕流物体前缘至计算点距离;θ 为边界层动量损失厚度,$\theta = 7\delta / 72$。

根据柯利诺测量结果表明流体微团从壁面区弹射的位置在空间是局部的,一般发生在 $5 < y^+ < 30$ 的区域,这与把高紊流的过渡层和外层界面定为 $y^+ = 30 \sim 70$ 是一致的,故分别计算了 $y^+ = 30 \sim 70$ 对应的 y_{30}^+ 和 y_{70}^+ 相应位置的平均流速 $\bar{u}$。其表达式为:

$$\bar{u} = 8.74 u_r \left(\frac{u_r y}{v} \right)^{\frac{1}{7}} \tag{3-36}$$

y 向量纲一长度:

$$y^+ = \frac{u_r y}{v} \tag{3-37}$$

边界层厚度:

$$\delta = 0.37 \frac{x}{Rex^{0.2}} \tag{3-38}$$

摩阻流速:

$$u_r = \sqrt{\frac{\tau_0}{\rho}} \tag{3-39}$$

以 y^+=30～70 对应的 $\bar{u}$ 和 T_B 的乘积就是磨痕烙印波纹的波长 λ，即磨痕尺寸如下[13]：

$$\lambda = T_B \bar{u} = 5.68 Re^{0.76} v \left(\frac{u_r y}{v} \right)^{\frac{1}{7}} \tag{3-40}$$

综合研究理论分析、数值模拟及试验研究结果可得出水轮机叶片材料抗冲蚀磨损的一般规律：叶片材料的硬度提高，一般来说，有助于提高抗沙粒磨损能力，当材料硬度提高带来脆性增大时，对其抗磨性有不利影响，而当含沙量大、冲蚀速度大、冲蚀角大时，这一不利影响更加显著，使得材料更不耐冲蚀。

参 考 文 献

[1] 沈天耀, 赵建福. 穿层固粒在湍流边界层内的运动特性[J]. 浙江大学学报(自然科学版), 1994, 28(1): 94-100.

[2] FINNIE I. The mechanism of erosion of ductile metals[C]//3rd US National Congress of Applied Mechanics, 1958, 527-532.

[3] 李诗卓, 董祥林. 材料的冲蚀磨损与微动磨损[M]. 北京: 机械工业出版社, 1987.

[4] 吴玉林, 唐学林, 刘树红, 等. 水力机械空化和固液两相流体动力学[M]. 北京: 中国水电水利出版社, 2007.

[5] 徐灏. 机械设计手册[M]. 3 版. 北京: 机械工业出版社, 2004.

[6] 段昌国. 水轮机沙粒磨损[M]. 北京: 清华大学出版社, 1981.

[7] SALEH B, ABOUEL-KASEM A, EL-DEEN A E, et al. Investigation of temperature effects on cavitation erosion behavior based on analysis of erosion particles[J]. Journal of Tribology, 2010, 132(4): 041601.

[8] 温诗铸, 黄平. 摩擦学原理[M]. 2 版. 北京: 清华大学出版社, 2002.

[9] 梁在潮. 工程湍流[M]. 武汉: 华中理工大学出版社, 1999.

[10] 牛权. 湍流拟序结构下的空蚀与泥沙磨损联合研究[D]. 扬州: 扬州大学, 2002.

[11] 庞佑霞, 刘厚才, 郭源君, 等. 考虑边界层的水泵叶片冲蚀磨损机理研究[J]. 机械工程学报, 2002, 38(6): 123-126.

[12] 章梓雄, 董曾南. 粘性流体力学[M]. 北京: 清华大学出版社, 1998.

[13] 姜胜利, 郑玉贵, 段德莉, 等. 20SiMn 低合金钢在不同含沙量的多相流中的损伤行为[C]//2006 年全国摩擦学学术会议论文, 2006:50-53.

第 4 章 空蚀磨损

4.1 空蚀研究理论基础

为了便于分析空泡的变化规律，对多相流做如下基本假设：

空化是一种自然现象，空蚀是由空化引起的材料损伤和流失，空蚀也称气蚀。

（1）不考虑流体的压缩性；

（2）忽略空泡的自重与旋转；

（3）认为空泡是孤立的球形状，不考虑空泡间的相互作用；

（4）不考虑温度变化对空泡的影响。

4.1.1 空泡静力平衡核子理论

纯净的液体应该具有很高的抗拉强度，但在实际工况下，几乎所有的液体都含有为溶解的气体杂质，它的存在减弱了液体的抗拉强度。哈维通过大量试验提出，为溶解的气核可以以空腔的形式存在于容器壁上亚微观、亲水性的裂缝和缝隙中，表面张力的存在减小了水流的压力使得气泡不会被强迫溶解，并以气相的形式长久存在。当液体中的压强降低时，气核膨胀长大形成肉眼可见的气泡，形成空化现象。当液体的压强升高时，气泡又缩小到汽核状态，空化消失。空化的发生过程既气泡在压强瞬时变化的液体中从生成到溃灭的过程，归结起来就是汽核平衡的问题。气泡的静力平衡方程式为：

$$P - P_L = -\frac{2\sigma}{R} \tag{4-1}$$

式中，P 为流体压力；σ 为流体表面张力；R 为空泡半径；P_l 为空泡内部压力。一般空泡内部压力由空泡内气体压力和饱和蒸汽压力构成：

$$P_L = P_V + P_g \tag{4-2}$$

式中，P_v 为蒸汽压力；P_g 为气体分压力。

将（4-2）代入（4-1）中，气泡静力平衡方程为：

$$P = P_V + P_g - \frac{2\sigma}{R} \tag{4-3}$$

由于水体的热容量很大，而空泡的质量和体积都很小，空泡收缩与扩散过程中引起的热量不平衡很快就会被周围水体调节，气体的温度变化很小，空泡内饱和蒸汽压力 P_v 可看作常数。在流体环境中，空泡半径 R 的变化很快，P_g 的变化可以看作理想气体的绝热变化过程，此时：

$$P_g = P_{g0}\left(\frac{V_0}{V}\right) = P_{g0}\left(\frac{R_0}{R}\right)^{3\gamma} \tag{4-4}$$

式中，γ 为气体的绝热系数；P_{g0}、R_0、V_0 分别为某一初始状态下的空泡内气体分压力、空泡半径和体积；P_g、R 和 V 是空泡变化过程中的空泡内气体分压力、空泡半径和空泡体积。

初始状态的气泡内分压 P_{g0} 可以表示为：

$$P_{g0} = P_0 - P_V + \frac{2\sigma}{R_0} \tag{4-5}$$

将式（4-4）、式（4-5）代入式（4-3）可得出静力平衡下，空泡半径 R 与流体压力 P 的变化关系为：

$$P = P_V + \left(P_0 - P_V + \frac{2\sigma}{R_0}\right)\left(\frac{R_0}{R}\right)^{3\gamma} - \frac{2\sigma}{R} \tag{4-6}$$

根据式（4-6）可知：空泡压力大于饱和蒸汽压力时，空泡压力的变化主要取决于空泡内气体分压力，蒸汽压力仅起很小的作用。当泡外压力降低时，空泡半径稍有增大，则空泡内气体分压将与半径成三次方的比例减小，它比与半径成一次方比例减少的表面张力 σ 减少得快，因此，表面张力使气泡恢复平衡。当空泡压力小于蒸汽压力时，当气泡半径增加时空泡内压力实际没有变化，而表面张力的作用却减少了，于是空泡将迅速膨胀起来。在空泡变化过程中应该存在一个临界半径使得空泡稳定平衡。为此对式（4-6）求导，并令 $dP/dR=0$ 得：

$$-3\gamma\left(P_0 - P_V + \frac{2\sigma}{R_0}\right)\frac{R_0^{3\gamma}}{R^{-3\gamma-1}} + \frac{2\sigma}{R^2} = 0 \tag{4-7}$$

解得临界半径 R：

$$R = \sqrt[3\gamma-1]{\frac{3\gamma}{2\sigma}R_0^{3\gamma}\left(P_0 - P_V + \frac{2\sigma}{R_0}\right)} \tag{4-8}$$

取绝热系数 $\gamma=4/3$，代入式（4-8）得：

$$R = \sqrt[3]{\frac{2}{\sigma}R_0^4\left(P_0 - P_V + \frac{2\sigma}{R_0}\right)} = R_0\sqrt[3]{\frac{2}{\sigma}R_0 P_{g0}} \tag{4-9}$$

将式（4-9）代入式（4-6）可得临界状态下的水体压力：

$$P = P_V + P_{go}\left(\frac{\sigma}{2P_{go}R_0}\right)^{4/3} - \frac{2\sigma}{R_0}\left(\frac{\sigma}{2P_{go}R_0}\right)^{1/3} \qquad (4\text{-}10)$$

通过以上分析可以看出：对于液体中的孤立空泡在外压力的作用下，其尺寸变化有一个阶段性，当压力降低时泡体将膨胀，开始时速度比较缓慢，当膨胀到大于临界半径时泡体才迅速膨胀起来。当空泡半径足够小时，其临界压力格低于汽化压力。微小气泡半径不同，其临界压力也不同，因此液体可以在不同的压力下出现空化。

4.1.2 空泡动力学方程

建立空泡动力学模型是为了研究空泡半径随时间的变化规律，进而研究空泡溃灭压强。Rayleigh 在研究空泡溃灭压强大小以及溃灭时间过程中，从不可压缩流体的连续运动方程最早推导出了理想空泡动力学方程[1]：

$$r\frac{\mathrm{d}^2 r}{\mathrm{d}t^2} + \frac{3}{2}\left(\frac{\mathrm{d}r}{\mathrm{d}t}\right)^2 = \frac{P - P_0}{\rho} \qquad (4\text{-}11)$$

式中，r 为空泡半径，mm；P 为流体压力，MPa；P_0 为参考点压力，MPa；ρ 为液体密度，g/cm^3。

在实际模型中，空泡的溃灭时间只有微秒级，空化主要发生在边界层里面，黏性底层对空泡的作用不能忽略。空泡的初生与溃灭过程中受到的表面张力也对空泡的变化有重大影响。图 4-1 是空泡在边界层的受力分析，边界层的厚度是随着水流速度变化[2]。空泡受到液体的剪切黏性力与空泡到叶片表面的距离成反比；表面张力以及流体压强是瞬态变化的，直接影响着空泡半径的变化。

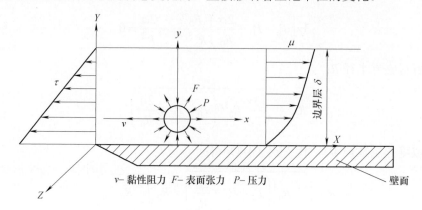

v- 黏性阻力 F- 表面张力 P- 压力

图 4-1 空泡在边界层上的力学分析

（1）考虑液体黏度的影响

液体的黏滞性对空泡发育和溃灭过程会产生阻尼和消耗能量，所以液体的黏度会影响空穴的最大尺寸，减缓空穴发育和溃灭的速率[3-4]。液体黏度的影响可以表示为：

$$\Delta P = -\frac{4\mu}{r}\frac{\mathrm{d}r}{\mathrm{d}t} \tag{4-12}$$

式中，μ 为液体运动黏度，mm^2/s。

（2）考虑表面张力的影响

表面张力在空泡的初生期会减小空泡的最大尺寸，在空泡溃灭期会加快其溃灭过程，所以表面张力的存在会增大空泡溃灭的破坏力[1]。表面张力的影响可以表示为：

$$\Delta P = -\frac{2\sigma}{r} \tag{4-13}$$

式中，σ 为壁面张应力，MPa。

综合以上分析，导出实际空泡的动力学方程：

$$r\frac{\mathrm{d}^2r}{\mathrm{d}t^2} + \frac{3}{2}\left(\frac{\mathrm{d}r}{\mathrm{d}t}\right)^2 = \frac{1}{\rho}\left(P - P_0 - \frac{4v}{r}\frac{\mathrm{d}r}{\mathrm{d}t} - \frac{2\sigma}{r}\right) \tag{4-14}$$

空泡动力学方程联合动量方程就可求解空泡的溃灭压力。

4.1.3　空化数

影响空化发生的因素很多，如流动边界条件、绝对压力、流速、液体黏性、表面张力等，但主要影响空化发生的是压力和流速。定义了空化数表达式：

$$\sigma = \frac{P - P_V}{\frac{1}{2}\rho V^2} \tag{4-15}$$

式中，只要 $\sigma \leqslant 1$ 就应该产生空化，$\sigma \leqslant 0.5$ 就必然产生稳定的空化。即使在环境压力为几十兆帕时，只要射流速度足够大，就能够出现空化现象。

4.1.4　空蚀磨损理论

空蚀是空化的结果。空泡进入流体的高压区后，被水流压溃，会产生一微射流或冲击波，冲击工件的表面。在这种微射流或冲击波的长时间的反复的打击下，任何坚韧的材料都会发生逐步的剥落。空蚀的剥蚀作用，是一个缓慢的连续过程。材料在空化的作用下，逐渐被剥蚀，致使机械设备的使用寿命大大缩短。

空蚀过程中气泡溃灭对材料的破坏，首先在表层造成严重的塑性变形，其微射流冲击叶片表面产生空蚀针孔，随后在针孔壁处萌生裂纹，裂纹以疲劳方式向内部扩展，最后趋于平行表面方向扩展。当几个裂纹相连接时造成表层小块剥落。上述过程反复进行，使表层材料不断剥落空蚀微观表面凹凸不平，布满空蚀坑及裂纹，宏观呈海绵状形貌。目前空蚀磨损机理的研究包括了以下几种基础理论：

（1）化学腐蚀及电化学作用

在空泡溃灭时的高温高压作用下，金属晶粒中形成热电偶，冷热端间存在电位差，对金属表面产生电解作用，造成电化学腐蚀。

机械冲击和腐蚀，经常是互相促进、共同作用的。在目前天然水中，常因工业污染而含有一定量的化学腐蚀剂。在空化的力学冲击和腐蚀的联合作用，材料的破坏速度远比它们单独作用时迅速。一般认为，空化的力学冲击对腐蚀起到加速作用。而腐蚀的存在又使空化的力学冲击更有效。即使力学冲击强度可能低于被冲击材料的力学强度，但冲击作用足以使附着材料表面的腐蚀物产生剥离。这种腐蚀性产物的力学剥除，使新鲜的金属材料母材直接与腐蚀剂相接触，从而使腐蚀以比初始的腐蚀速度更快地进行下去。另外，空化又提供了两相介质，气相中不仅含有水蒸气而且还含有助长腐蚀的自由氧，这又加速了腐蚀。腐蚀的存在，使材料表面形成了一系列腐蚀坑，这使空泡的力学性冲击更为集中。所有这些，都使疲劳破坏的速度加剧。

当空化产生时，会有闪光出现，其原因大致有两种解释。第一，是由于空泡形成过程中形成高电位产生的闪光。由此认为空蚀是由于电流通过受蚀材料而发生的电化学腐蚀。第二，空泡中含有水蒸气、气体和微量杂质，当达到高温时而发光。这种高温和放电，都对金属材料的腐蚀起到助剂作用。特别是空泡溃灭时的高温出现，将使材料的抗蚀能力降低，从而使剥蚀速率增高。

（2）空泡溃灭时的压力冲击

压力冲击观点认为材料的剥蚀是由于空泡溃灭时产生的巨大压力冲击的结果。若是用水锤公式计算其最大压力梯度，其值为：

$$P = \rho C \Delta U \tag{4-16}$$

即认为空泡溃灭时，所具有的动能全部转换成了压能。式中，ρ 为液体的密度；C 为液体中的声速；ΔU 为泡壁的运动速度变化。

空泡压缩到最小半径时，泡壁速度将等于零。所以空泡溃灭前后的速度变化 $U = U_0$，前泡壁的运动速度可用下式计算。

$$U^2 = \frac{2}{3} \frac{P_W}{\rho} \left(\frac{R_0^3}{R^3} - 1 \right) \tag{4-17}$$

在 20 ℃时，纯水中的声速约为 1 500 m/s。因此，可以用式（4-16）初步估算出空泡溃灭时的最大压力梯度。当空泡溃灭时，泡壁的运动速度低于音速时，计算的结果可能高达 $3×10^6$ 个大气压。显然计算结果过大，这是由于这一公式没有考虑空泡溃灭的最后阶段液体的可压缩性、空泡中含有气体以及压力波幅射等因素影响的结果。因此，这一公式在实际上很少采用。

（3）微射流冲击

微射流冲击是 20 世纪 40 年代提出的一种理论。微射流形成以后，将以很高的速度运动。运动速度可以达到 100～1 000 m/s 左右。这个射流的冲击力在稳定状况下，可能达到驻点压力即：

$$\Delta P = \frac{\rho v^2}{2g} \tag{4-18}$$

式中，v 为液体流速。在非稳定状态，射流中心压力可按水锤公式计算。

（4）冲击波作用

空泡溃灭时的压力冲击，只有空泡在壁面上溃灭时才更有效。据前面的分析，只有极少数空泡直接与壁面相接触，如果只考虑压力冲击，就不能完整地解释空蚀破坏的高速度。因此，必须考虑其他因素的作用。

在空泡压缩过程中，由于泡内溶解气体的可压缩性，空泡压缩到最小尺寸以后，泡内压力将大于泡外压力，于是空泡急速反向膨胀，在液体中产生冲击波，反向膨胀速度越大冲击波的强度越大。这也是使边壁材料产生塑性变形的一种作用力。

通过以上分析，我们可以看到材料的空蚀最主要的原因，是空泡溃灭时的力学性冲击，而腐蚀只起了加速作用。所以，为了增强设备抗空蚀能力，不但要求材料具有好的抗机械疲劳破坏的能力，而且要具有好的抗化学腐蚀的能力。

4.1.5　材料的抗空蚀指标

长期以来，研究材料空蚀破坏的学者们，常常把精力集中到寻找一个能用来作为代表材料抗空蚀性能的综合指标[1]。但是由于问题的复杂性，到目前为止仍处于探索之中。看起来，如果仅用材料的机械性能，例如硬度、抗拉强度、屈服强度、弹性模量、伸缩率、极限回弹能等指标来预测材料的抗空蚀能力是很不够的，还必须考虑到流体的性质及流动的特性，用某种综合参数来预测材料的抗空蚀能力才更为恰当；但是，目前还未能找到这个问题的明确答案。

早期曾认为硬度是预测金属材料抗空蚀能力很重要的参数，由于硬度的量测简便易行，至今很多单位仍沿用此法。实践表明，一些非常软的和弹性较强的材料在低强度的空化溃灭压强冲击下，其抗空蚀能力比具有较高力学性质的金属更高，故金属的硬度并不能成为一个有效的衡量其抗空蚀能力的指标。

印度学者 THIRUVENGADAM 提出了一种度量材料空蚀破坏程度的应变能方法，他认为所有溃灭空泡所放出的总能量的一部分将被材料吸收而使其破坏。所吸收的能量用来克服材料分子间的联结力，最终使材料断裂。材料所吸收的能量度 E 为：

$$E = \Delta V \Delta S \tag{4-19}$$

式中，ΔV 为单位时间内材料的体积损失，S 为材料完全破坏时，单位体积材料所吸收的能量。

材料破坏时，所吸收的功率为：

$$N = \frac{\Delta V \Delta S}{t} \tag{4-20}$$

式中，$\Delta V / t$ 为单位时间内材料的统计损失。

为了排除试件的尺寸影响，应以单位空蚀面积上吸收的功率来标志材料的空蚀程度，即：

$$I = \frac{N}{A} = \frac{\Delta V \Delta S}{A \Delta t} = \frac{h \Delta S}{t} \tag{4-21}$$

式中，I 为与单位空蚀面积上吸收的能量成比例的空蚀率；A 为空蚀面积；h 为空蚀区的平均空蚀深度；f 为试验历时。

如果已知单位时间的平均空蚀深度，同时知道单位体积材料破坏时所吸收的能量 S，则即可求出材料的空蚀程度。S 究竟用什么状态下的能量，目前有三种选取方法。

图 4-2 表示金属材料的应力-应变曲线上这三种能量的选取方法，其中 4-2a 为"极限回弹能"，即在材料拉伸试验时，拉伸到弹性极限时材料所吸收的能量，当拉力清除后，材料将恢复到拉伸前原状，不发生塑性变形。显然这个能量不能代表材料在空蚀破坏时所吸收的能量。4-2b 为"极限抗拉能"，是 Hammitt、Hobbs、Rao 等建议使用的。由该图可以看出，他们称之为"极限回弹能"的图中阴影三角形所示的面积并不是材料达到破坏时的应变能。用它来作为材料空蚀破坏时所吸收的能量只能是近似的。4-2c 为"工程应变能"，是由李志民、黄继汤等建议使用的，它表示材料破坏时的应变能，为材料拉伸试验时试件断裂应力—应变曲线下的全部面积，按照空泡溃灭时材料的受力情况。此处应选用材料压缩过程的应力—应变图，选取该图曲线下的面积作为 S。但因金属材料的压缩试验尚未规范化，故暂时用拉伸试验结果代替。

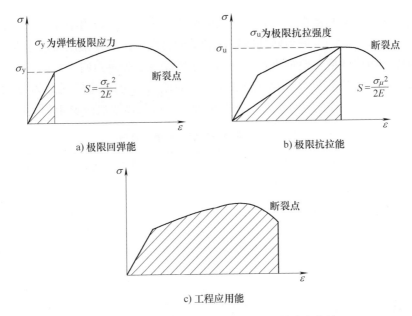

a) 极限回弹能   b) 极限抗拉能

c) 工程应用能

图 4-2 材料破坏时单位体积吸收能量的选取方法

4.2 空蚀磨损的数值分析

4.2.1 计算模型和网格划分

模拟水轮机实际工况利用 PROE 软件建立了空蚀磨损几何模型[5]，如图 4-3 所示。在磨损转盘分度圆直径为 300 mm 处预制有作为空蚀源的小孔，空蚀源孔径为 15 mm，转盘系统内部存在气液两流体。当转盘高速旋转时，空蚀源孔后将产生尾流空泡，空泡被水流压溃后就会对转盘产生空蚀磨损。将几何模型导入到 GAMBIT 中划分网格，图 4-4 是分析对象的网格图。

图 4-3 空蚀磨损计算模型

图 4-4 网格模型

根据研究对象的侧重点，将转盘室划分为两个区域：以磨损转盘为核心，跟随着转盘一起转动的区域为转动区域，剩下的为固定区域；采用自适应性能强的非结构化四面体网格对模型进行划分网格；转动区域为重点研究对象，设置其网格最大值为 2，固定区域网格最大值为 4，划分出来的网格单元数为 2 311 952个。图 4-4 是分析对象的网格图。各个部分的网格具体参数如表 4-1 所示。

表 4-1　计算模型的节点及单元分布

区域	转动区域	固定区域	总计
单元数	866 985	1 444 967	2 311 952

4.2.2　数值分析控制方程

空蚀磨损过程中，选用 SINGHAL 等研究的完整空蚀模型和混合流体两相流模型。其方程如下：

连续性方程

$$\frac{\partial \rho}{\partial t} + \nabla \cdot (\rho \boldsymbol{v}) = 0 \tag{4-22}$$

气相体积比方程

$$\frac{\partial}{\partial t}(\alpha_v) + \nabla \cdot (\alpha_v \boldsymbol{v}) = \frac{\rho_l}{\rho}\frac{\eta}{(1+\eta\varphi)^2}\frac{\mathrm{d}\varphi}{\mathrm{d}t} + \frac{\alpha_v \rho_v}{\rho}\frac{\mathrm{d}\rho_v}{\mathrm{d}t} \tag{4-23}$$

动量方程

$$\frac{\partial(\rho \boldsymbol{v})}{\partial t} + \nabla \cdot (\rho \boldsymbol{v}^2) = -\nabla \boldsymbol{p} + \frac{1}{3}\nabla[(\mu+\mu_t)\nabla \cdot \boldsymbol{v}] + \nabla \cdot [(\mu+\mu_t)\nabla \cdot \boldsymbol{v}] + \rho \boldsymbol{g}$$
$$\tag{4-24}$$

式中，哈密顿微分算子

$$\nabla = \boldsymbol{i}\frac{\partial}{\partial x} + \boldsymbol{j}\frac{\partial}{\partial y} + \boldsymbol{k}\frac{\partial}{\partial z} \tag{4-25}$$

式中，$\boldsymbol{i}$，$\boldsymbol{j}$，$\boldsymbol{k}$ 为 x，y，z 方向上的单位矢量；ρ 为空泡（气）相和水流（液）相形成的混合流体密度；v 为混合流体的速度矢量；α 为混合流体中气相占的体积比例；ρl 为液相密度；η 为单位流体体积内空泡个数；φ 为单个空泡的体积；ρ_v 为气相密度；$\boldsymbol{p}$ 为静压力；μ 为混合流体分子动力黏度；μ_t 为湍流黏性系数。

4.2.3　数值计算方法和边界条件

空蚀磨损过程中涉及气液两相流，采用 mixture 多相流模型模拟流场流动，设置水相为基本相，气相为第二相，考虑相间的相互作用；空蚀作用时的流场计算，采用气液两相完整空化模型的定常计算，空化计算初场的空泡体积分数赋为 0，初始条件设置为计算区域全部为 0。为了模拟转盘表面区域流体的运动，采用多重旋转坐标系方法进行处理转速设为试验值。由于转盘高速旋转，内部流体流动为湍流，因此湍流模型选择适用范围较广、经济、精度合适的标准 $k\text{-}\varepsilon$ 湍流模型，近壁处流动采用标准壁面函数处理。其中采用 SIMPLE 算法实现速度和压力之间的耦合。各种变量和湍流黏性参数采用二阶迎风格式离散化。同时为了使用分离式求解器加速收敛和控制每个迭代步内所计算的流场变量的更新，各求解变量的松弛因子均适当减小，可避免残差值的波动和发散。解算收敛残差精度设置为：连续性，x、y、z 方向速度，k，ε，气相体积比等均为 0.001。

进口为转盘室水流进入处，其直接为 34 mm，进口条件为压力进口，但进口水流有流速，根据进出口能量差，将水流的动能转化为进出口压能差；水流出口的直径为 65 mm，采用压力出口条件，保证转盘系统内压力为固定值；在近壁面设置壁面函数，采用无滑移边界条件，壁面设置为 refect，恢复系数为 1。

4.2.4 数值计算内容及结果分析

影响空蚀磨损的流场动力学因素包括转盘转速、流体压力、温度等，在数值模拟计算中，温度的变化很小，不是影响流场的主要因素，在这里只考虑转盘转速和压强的影响。

（1）确定转盘室流体压力为 0.1 MPa，分别计算转盘转速为 1 600 r/min、1 900 r/min、2 200 r/min、2 500 r/min、2 800 r/min 下流场的分布。

（2）确定转盘转速为 2 500 r/min，分别计算流体压力为 0.025 MPa、0.050 MPa、0.075 MPa、0.100 MPa、0.125 MPa 下流场的分布。

当迭代达到 4 000 步后，观察计算结果，发现进出口流量基本相同，可以近似认为迭代计算已经完成，通过观察磨损转转盘表面的压力分布等值线图和气相分布云图的变化，分析空蚀磨损结果。

图 4-5 是转盘在纯空蚀状态时空化孔附近表面总压、气相体积比及两者叠加等值线图，不同颜色表示不同的压力数值（单位为 Pa）或气相体积比。其中，图 4-5a 为纯空蚀时的转盘表面总压等值线图，图 4-5b 为纯空蚀时的转盘表面气相体积比等值线图。图 4-5c 为图 4-5a、4-5b 在空化孔附近的叠加图。

从图 4-5a、4-5b 可见，由于空蚀源孔干扰，形成局部压力损失，引起空蚀源孔附近压力变化，同时产生气泡。图 4-5a 显示出纯空蚀的压力区沿转盘旋转方向呈弧状分布，最大压力跳跃出现在距空蚀源孔一定距离位置处，转盘表面压力最大值为 2.08×10^6 Pa，图 4-5b 显示气相主要在两个压力区之间，呈蛋形分布，形成空泡，在较远位置也有少量气相。图 4-5c 显示空泡溃灭区域主要集中在有气相存在，且压力梯度较大的区域，在此区域，压力梯度越大，空蚀越严重。

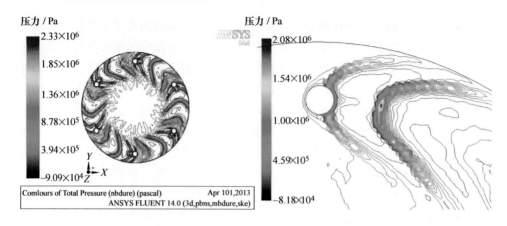

a) 空蚀磨损转盘表面流场分布   b) 空蚀磨损转盘表面总压等值线

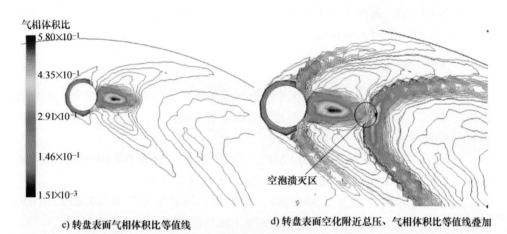

c) 转盘表面气相体积比等值线   d) 转盘表面空化附近总压、气相体积比等值线叠加

图 4-5 空蚀磨损时转盘表面流场

4.3 空蚀磨损的试验研究

4.3.1 试验设计与试件规格

（1）试验设计

通过在旋转圆盘试验台模拟现场工况进行空蚀试验，空蚀磨损试验时间为 16 h，每隔两个小时停机，取出试件用水清洗干净，在用吹风机吹干后，进行一次称重并观察外观形状，采用 AB304-S 电子秤对试件称重，精度为 0.1 mg。每小时测量一次水温，控制冷却系统流量，保证设备工作环境温度在 50 ℃以下。试验完毕选取典型试件进行电镜扫描，并分析比较其微观磨痕形貌[6]。

（2）试件规格

空蚀圆盘为两个盘叠合而成，圆盘两面各镶嵌六块试件，试件分布在直径为 316 mm 的圆周上，在空蚀圆盘上设有直径为 15 m 的通孔作为空泡诱发源，通孔中心分度圆直径 300 mm，在给定的转盘转速、转盘室压力条件下，由空泡诱发源产生的空泡正好作用于空蚀试件中央，并使之破坏。通过对材料破坏后的形貌分析与空蚀破坏量（即失重）测量进行分析比较，来判断各种材料的相对抗空蚀性优劣。空蚀磨损试件设计尺寸如图 4-6 所示。

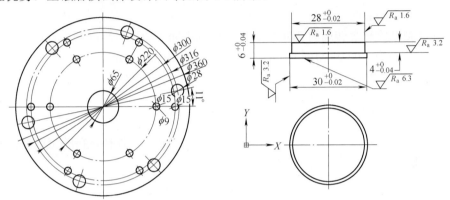

图 4-6 空蚀磨损试件尺寸设计

试验前，对所有的试样编号，并用碱液和流水洗去表面的油污，试样清洗完毕后吹干备用。

4.3.2 空蚀磨损试验过程

运用正交试验设计原理优化试验方案后得出的试验总体方案，如表 4-2 所示，此试验的目的是考察流体流速、流体压力以及不同材料对空蚀磨损的影响效果。

表 4-2 试验方案设计

序号	1	2	3	4	5	6	7	8	9
转速/（r/min）	2 547	2 547	2 547	2 228	2 228	2 228	1 910	1 910	1910
压力/MPa	0.15	0.05	0.10	0.05	0.10	0.15	0.10	0.15	0.05

（1）材质的影响

选取四种常用叶轮材料，Q235、45 钢、40Cr、HT200，研究其空蚀磨损性能。Q235 屈服强度为 235 MPa，含碳适中，综合性能较好，强度、塑性和焊接等性能得到较好配合；45 钢含碳量为 0.45% 左右，能够很好地继续加工和热处理；HT200 是最低抗拉强度为 200 MPa 的灰铸铁，其基体为珠光体，它的强度、耐磨性、耐热性均较好；40Cr 是中碳调制钢，经适当的热处理以后可获得一定的韧性、塑性和耐磨性，具有最佳的综合力学性能。

在同一个转盘上装夹 12 块试件，每种材料选择两块试件，故可以在相同工况下比较不同材料的耐磨性能，还可以通过比较相同材料相同工况下的磨损性能，验证试验的可靠性。

（2）转速的影响

在流体压力条件为 0.100 MPa 下，研究不同冲蚀速度对材料空蚀磨损的影响。设置转盘转速分别为：1 910 r/min、2 228 r/min、2 547 r/min。

（3）压力的影响

在磨损试验转盘转速为 2 500 r/min 时研究不同压力下材料的磨损特性。设置环境压力分别为：0.025 MPa、0.050 MPa、0.075 MPa、0.100 MPa、0.125 MPa、0.150 MPa。

4.3.3　空蚀磨损试验结果

试验结束后将数据结果汇总，表 4-3 是不同工况下，各种材料的空蚀磨损材料磨损量。

表 4-3　材料的空蚀磨损试验结果

材料　组数	1	2	3	4	5	6	7	8	9
Q235	1.466 9	2.083 5	2.027 3	2.084 7	0.722 9	1.379 3	1.532 9	1.459 9	1.092 6
45 钢	1.006 7	1.576 1	1.655 7	1.822 5	0.541 5	1.072 7	1.231 4	1.220 8	0.830 7
HT200	1.732 6	2.361 4	2.388 0	3.123 7	0.898 1	1.526 3	1.704 9	1.668 5	1.314 8
40Cr	1.191 1	1.850 1	1.934 8	1.633 5	0.475 5	1.088 1	1.272 7	1.016 9	0.879 1

空蚀磨损下，四种材料的磨损程度大小大致为：HT200>Q235>45 钢>40Cr，材料的这种磨蚀性能跟材料的物理性能密切相关，材料的硬度越大，其耐磨蚀性能越高，但随着硬度的提高，材料的脆性增大，更易产生疲劳裂纹，造成材料的疲劳剥落。试验 16 h 后的磨损试件如图 4-7 所示。

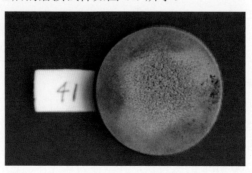

图 4-7　空蚀磨损试件

在空蚀磨损初期，试件在水流作用下，表面毛刺被冲刷，首先在材料表面形成光亮的磨痕，随着试验时间的进行，材料表面形成麻点状蚀坑，蚀坑扩展甚至连接，在材料表面形成肉眼可见磨蚀坑。

表 4-4　试验各个阶段试件磨损形貌

时间/h	磨损程度
2	光亮的磨痕
4	明显的磨痕
6	显眼的麻点
8	明显的麻点
10	大片麻点区域，表面暗泽
12	轻微的针眼
14	明显的针眼
16	明显的针眼，轻微的剥落

4.3.4　空蚀磨损试验结果正交分析

根据正交分析原理对试验结果进行了正交分析，研究对象为试验 4 种试件材料，每种试件材料各两组，试验数据为 9 组试验的各试件材料失重量。正交分析表中 A、B、C 分别表示转盘转速、流体压力、流体流量，1、2、3 分别代表各因素的水平数。

表 4-5、表 4-6 为 Q235 的 2 组试件数据和正交分析结果；表 4-7、表 4-8 为 45 钢的 2 组试件数据和正交分析结果；表 4-9、表 4-10 为 40Cr 的 2 组试件数据和正交分析结果。此三种材料都为塑性材料，从表中可以看出影响塑性材料试件磨损的最主要因素为转盘转速，其次为流体压力，影响最小的是流量。从单个因素的影响来看，转速越高，空蚀磨损失重量越大；压力越小，越容易发生空蚀破坏；而流量对空蚀磨损的影响不大。

表 4-5　两组 Q235 试件试验结果

Q235	流量（%）（A）	压力/MPa（B）	流量×压力	转速/（r/min）（C）	转速×压力	流量×转速	第一组	第二组
1	38	0.15	1	2 547	1	1	1.466 9	0.712 1
2	34	0.05	2	2 547	2	1	2.083 5	1.620 5
3	29	0.10	3	2 547	3	1	2.027 3	1.193 7
4	38	0.05	3	2 228	1	2	2.084 7	1.173 5
5	34	0.10	2	2 228	2	2	0.722 9	0.345 9
6	29	0.15	1	2 228	3	2	1.379 3	0.666 5
7	38	0.10	2	1 910	1	3	1.532 9	0.802 0
8	34	0.15	3	1 910	2	3	1.459 9	0.825 2
9	29	0.05	1	1 910	3	3	1.092 6	0.634 7

表 4-6　两组 Q235 试件试验结果的正交分析

参数	Q235 第一组			Q235 第二组		
Y1	5.084 5	4.306 1	5.577 7	2.687 6	2.203 8	3.526 3
Y2	4.266 3	5.260 8	4.186 9	2.791 6	3.428 7	2.185 9
Y3	4.499 2	4.283 1	4.085 4	2.494 9	2.341 6	2.261 9
y1	1.694 8	1.435 4	1.859 2	0.895 9	0.734 6	1.175 4
y2	1.422 1	1.753 6	1.395 6	0.930 5	1.142 9	0.728 6
y3	1.499 7	1.427 7	1.361 8	0.831 6	0.780 5	0.754 0
R	0.272 7	0.318 2	0.497 4	0.098 9	0.408 3	0.446 8
最优水平	B1>B3>B2	C2>C1>C3	A1>A2>A3	B2>B1>B3	C2>C3>C1	A1>A3>A2
主次因素		ACB			ACB	
最优搭配		A1C2B1			A1C2B2	

表 4-7　两组 45 钢试件试验结果

45 钢	流量（%）(A)	压力/MPa (B)	流量×压力	转速/（r/min）(C)	转速×压力	流量×转速	第一组	第二组
1	38	0.15	1	2 547	1	1	1.006 7	0.596 2
2	34	0.05	2	2 547	2	1	1.576 1	1.006 9
3	29	0.10	3	2 547	3	1	1.655 7	0.875 2
4	38	0.05	3	2 228	1	2	1.822 5	0.999 8
5	34	0.10	2	2 228	2	2	0.541 5	0.207 9
6	29	0.15	1	2 228	3	2	1.072 7	0.598 1
7	38	0.10	2	1 910	1	3	1.231 4	0.672 0
8	34	0.15	3	1 910	2	3	1.220 8	0.652 5
9	29	0.05	1	1 910	3	3	0.830 7	0.423 2

表 4-8　两组 45 钢试件试验结果的正交分析

参数	45 钢第一组			45 钢第二组		
Y1	4.060 6	3.300 2	4.238 5	2.268 0	1.846 8	2.478 3
Y2	3.338 4	4.229 3	3.436 7	1.867 3	2.429 9	1.805 8
Y3	3.559 1	3.428 6	3.282 9	1.896 5	1.755 1	1.747 7
y1	1.353 5	1.100 1	1.412 8	0.756 0	0.615 6	0.826 1
y2	1.112 8	1.409 8	1.145 6	0.622 4	0.810 0	0.601 9
y3	1.186 4	1.142 9	1.094 3	0.632 2	0.585 0	0.582 6
R	0.240 7	0.309 7	0.318 5	0.133 6	0.224 9	0.243 5
最优水平	B1>B3>B2	C2>C3>C1	A1>A2>A3	B1>B3>B2	C2>C1>C3	A1>A2>A3
主次因素		ACB			ACB	
最优搭配		A1C2B1			A1C2B1	

表 4-9　两组 40Cr 试件试验结果

40Cr	流量（%）（A）	压力/MPa（B）	流量×压力	转速/（r/min）（C）	转速×压力	流量×转速	第一组	第二组
1	38	0.15	1	2 547	1	1	1.191 1	0.577 1
2	34	0.05	2	2 547	2	1	1.850 1	1.180 3
3	29	0.10	3	2 547	3	1	1.934 8	0.932 7
4	38	0.05	3	2 228	1	2	1.633 5	0.888 9
5	34	0.10	2	2228	2	2	0.475 5	0.256 1
6	29	0.15	1	2 228	3	2	1.088 1	0.474 8
7	38	0.10	2	1 910	1	3	1.272 7	0.528 3
8	34	0.15	3	1 910	2	3	1.016 9	0.481 3
9	29	0.05	1	1 910	3	3	0.879 1	0.516 6

表 4-10　两组 40Cr 试件试验结果的正交分析

参数	40Cr 第一组			40Cr 第二组		
Y1	4.097 3	3.296 1	4.976 0	6.561 2	4.927 4	2.690 1
Y2	3.342 5	4.362 7	3.197 1	4.928 0	7.799 9	1.619 8
Y3	3.902 0	3.683 0	3.168 7	6.229 1	4.991 0	1.526 2
y1	1.365 8	1.098 7	1.658 7	2.187 1	1.642 5	0.896 7
y2	1.114 2	1.454 2	1.065 7	1.642 7	2.600 0	0.539 9
y3	1.300 7	1.227 7	1.056 2	2.076 4	1.663 7	0.508 7
R	0.251 6	0.355 5	0.602 4	0.544 4	0.957 5	0.388 0
最优水平	B1>B3>B2	C2>C3>C1	A1>A2>A3	B1>B3>B2	C2>C3>C1	A1>A2>A3
主次因素		ACB			ACB	
最优搭配		A1C2B1			A1C2B1	

表 4-11 和表 4-12 为脆性材料 HT200 在空蚀磨损下的 2 组试件数据和正交分析结果。从分析结果可以看出各流体动力学因素对空蚀磨损的影响与前面 3 种塑性材料的影响大不相同。影响空蚀磨损的最重要的因素是压力，其次是转速，再次是流量。并且各个因素对空蚀磨损的影响作用也比较复杂。

表 4-11　两组 HT200 试件试验结果

HT200	流量（%）（A）	压力/MPa（B）	流量×压力	转速/（r/min）（C）	转速×压力	流量×转速	第一组	第二组
1	38	0.15	1	2 547	1	1	1.732 6	1.219 6
2	34	0.05	2	2 547	2	1	2.361 4	1.377 3
3	29	0.10	3	2 547	3	1	2.388 0	1.283 9
4	38	0.05	3	2 228	1	2	3.123 7	2.266 7
5	34	0.10	2	2 228	2	2	0.898 1	0.470 9

（续）

HT200	流量（%）（A）	压力/MPa（B）	流量×压力	转速/（r/min）（C）	转速×压力	流量×转速	第一组	第二组
6	29	0.15	1	2 228	3	2	1.526 3	1.041 9
7	38	0.10	2	1 910	1	3	1.704 9	0.944 4
8	34	0.15	3	1 910	2	3	1.668 5	0.930 8
9	29	0.05	1	1 910	3	3	2.314 8	1.744 4

表 4-12 两组 HT200 试件试验结果的正交分析

参数	HT200 第一组			HT200 第二组		
Y1	6.561 2	4.927 4	6.482 0	4.430 7	3.192 3	3.880 8
Y2	4.928 0	7.799 9	5.548 1	2.779 0	5.388 4	3.779 5
Y3	6.229 1	4.991 0	5.688 2	4.070 2	2.699 2	3.619 6
y1	2.187 1	1.642 5	2.160 7	1.476 9	1.064 1	1.293 6
y2	1.642 7	2.600 0	1.849 4	0.926 3	1.796 1	1.259 8
y3	2.076 4	1.663 7	1.896 1	1.356 7	0.899 7	1.206 5
R	0.544 4	0.957 5	0.311 3	0.550 6	0.896 4	0.087 1
最优水平	B1>B3>B2	C2>C3>C1	A1>A3>A2	B1>B3>B2	C2>C1>C3	A1>A2>A3
主次因素	CBA			CBA		
最优搭配	C2B1A2			C2B1A1		

4.4　影响空蚀磨损的主要因素

空蚀发展变化过程的影响因素，主要包括微观方面的界面张力、气核含量、压力分布，以及宏观方面的结构形状、材料表面物性等。理论研究的内容基本都属于这个范畴。在此运用试验手段研究试验材料、转盘转速、流体压力对空蚀磨损的影响。

4.4.1　材质影响

对金属材料的力学性能与抗空化能力之间的关系，各国学者进行了多年的研究，期望从材料的普遍的力学性能的数据中得到受空化作用零件的选材依据。空蚀破坏主要是空泡溃灭的冲击作用与边界固体材料抵抗这种冲击的反作用的结果。此外，在一定条件下，化学侵蚀、电化作用、热力作用也起一定影响。材料的抗空蚀性能与材料本身的结构及物理化学性质有关。材料的结构，包括材料的成分、构造、均匀性等。关于材料的物理化学性质，不同的研究者考虑了很多，如弹性极限、硬度、延展性、耐温性、弹性模量、密度、疲劳极限、破坏强度、屈服极限、导热性等。当然，对某一具体边界的空蚀破坏过程中，只可能是其中一些材料性质起到作用；而随着条件的改变，则可能另一些材料性质对空蚀有所影响。

试件的空蚀破坏主要来源于两种外界作用力，一种是由于空泡溃灭的一次冲击力超过材料的塑性极限，另一种则是由于多个空泡顺序溃灭时，产生多次较小的冲击力连续作用，使材料产生疲劳破坏。

从图 4-8 中可以看出，空蚀磨损下材料的磨损量大小，即材料的磨损强度大小顺序为：HT200、Q235、45 钢、40Cr。此结果与材料的性质密切相关，四种材料的力学性能参照第 3 章表 3-3。空泡溃灭形成的冲击波的瞬态压强可以达到 10^7 Pa，这种冲击直接破坏了材料的表层和亚表层。HT200 是典型的脆性材料，其伸缩性较低，在这种巨大的冲击下，表层材料直接被剥落，材料的损失较大。塑性材料较好的延展性能，使其弹性和韧性都比较好，抗空蚀性能普遍高于脆性材料。硬度是影响塑性材料空蚀磨损的重要因素，由此可见 40Cr 的抗空蚀性能比 Q235 和 45 钢都强。

由金属结构特点可知，脆性晶粒各向异性的材料在晶粒的不同方向其弹性模量、拉伸强度、屈服强度均不相同，因而破坏就会发生在晶体强度较低的方向上，表现为成片的剥落。塑性材料具有较细晶粒组织，其抗空蚀性能较好，这是因为晶粒越细，则在单位金属体积中晶粒就越多。材料变形时，同样的变形可能在更多的晶粒中发生，产生较为均匀的变形，而不会造成局部应力集中，以致引起裂纹过早地产生和发展。

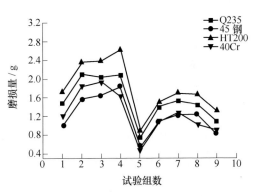

图 4-8　不同材料的空蚀磨损失重曲线

材料的过流表面状态，对材料破坏的酝酿阶段有很大影响，如果材料表面有一层致密而坚固的表面膜层，则可以大大地延缓空蚀破坏的发展过程；水中不锈钢材料的表面就可以形成一层薄而坚固的氧化物保护膜，它同母体可形成牢固的整体结构，且可以经受住空蚀破坏过程中发生的电化学腐蚀作用，只有当空泡溃灭时作用在不锈钢试件表面的压强超过不锈钢的屈服极限时，试件才被破坏，所以不锈钢的抗空蚀能力较它种材料为高。碳钢和低合金钢的表面氧化膜较厚而质地疏松，在较弱的外力冲击下就会被破坏，以后，内部的金属会再度氧化，在外力的作用下又会再度被破坏，在空蚀与腐蚀两种因素的联合作用下，碳钢会迅速遭到破坏。

研究还观察到，基于以上金属材料气蚀时裂纹萌生和扩展的规律的分析，可知材料的抗气蚀性能与其低周疲劳的性能密切相关。在空泡溃灭的压强冲击作用下，有些金属表面受冷作硬化的影响会使试件表面的硬度增加。所以单纯地追求材料的强度并不一定会提高材料的抗气蚀性能，只能当材料的强度提高并不损害材料的塑性的条件下，提高强度才会有利于材料的抗气蚀性能。所以 45 钢的抗空化性能远远强于 HT200。

从镍基自熔合金 Ni67 和 Ni65 材料的空蚀磨损特性[7]研究中发现，这两种材料的空蚀磨损特性基本相同，主要是在微射流的反复冲击下，产生塑性变形、疲劳凹坑、甚至发生熔化现象。在空蚀磨损工况条件相同时，Ni67 材料比 Ni65 材料磨损更严重。

在流体动力作用下，气穴产生的冲击脉冲数和最大压力等级均随流体速度的增加而增加，这样在试件上产生的凹坑数和凹坑深度可以作为材料抗空蚀能力的量化指标。试验表明随着金属表面屈服极限的提高。空蚀凹坑深度急剧减少，对于屈服极限低的材料，大部分冲击脉冲能量都消耗于材料的塑性变形，而对于屈服极限高的材料冲击能量主要消耗于弹性变形。空蚀凹坑数目随着材料屈服强度的变化也有同样的趋势。

4.4.2 时间的影响

大量的试验结果表明，金属材料的空蚀破坏可分四阶段。在空蚀的第一阶段，磨损率基本为零。这一阶段常称作酝酿阶段。出现酝酿阶段的原因，一般认为是材料在轧制过程中形成抗剥蚀保护层，材料在受到反复的微射流冲击后变脆，产生裂纹和疲劳现象。材料的冲击疲劳试验结果表明，其所受应力的反复多次增加，则应变也增大，这也是存在酝酿阶段的原因之一。第二阶段材料的磨损率随时间的增加而增加，是空蚀的加速阶段，随着保护层的遭受疲劳现象，通过扫描电镜表明，孔的数量不断增加，尺寸不断增大，这样材料的磨损率取决于孔洞的增长，出现加速。伴随着时间的进一步推延，材料磨损率开始下降，进入所谓的减弱阶段，通过扫描电镜和肉眼的观察可以知道磨损率随着空蚀坑的加深而降低。最后，材料的磨损率基本为一常数，这时材料进入空蚀稳定阶段，出现减弱阶段与稳态阶段可能是由于在剥蚀坑中形成次生流，进入坑内的小空泡不宜溃灭，起到垫层和缓冲的作用，因此可以说出现减速与稳态是由于流动条件改变引起的。一般认为这时材料的磨损率可作为其抗空蚀性能优劣的指标。

4.4.3 转速影响

（1）数值分析

图 4-9～4-13 为转盘室环境压力为 0.1 MPa 下，转速分别为 1 600 r/min、1 900 r/min、2 200 r/min、2 500 r/min、2 800 r/min 下，流场压力等值线图和气相分布云图以及两者叠加图，不同的颜色代表不同的数值的大小。

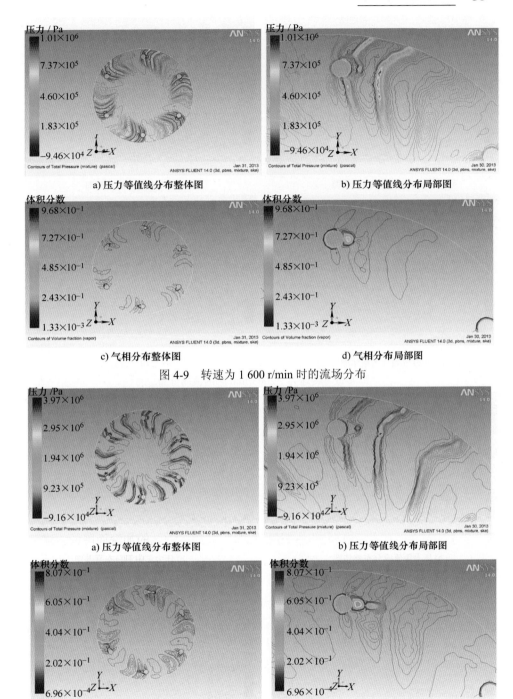

a) 压力等值线分布整体图　　　　　　b) 压力等值线分布局部图

c) 气相分布整体图　　　　　　　　d) 气相分布局部图

图 4-9　转速为 1 600 r/min 时的流场分布

a) 压力等值线分布整体图　　　　　　b) 压力等值线分布局部图

c) 气相分布整体图　　　　　　　　d) 气相分布局部图

图 4-10　转速为 1 900 r/min 时的流场分布

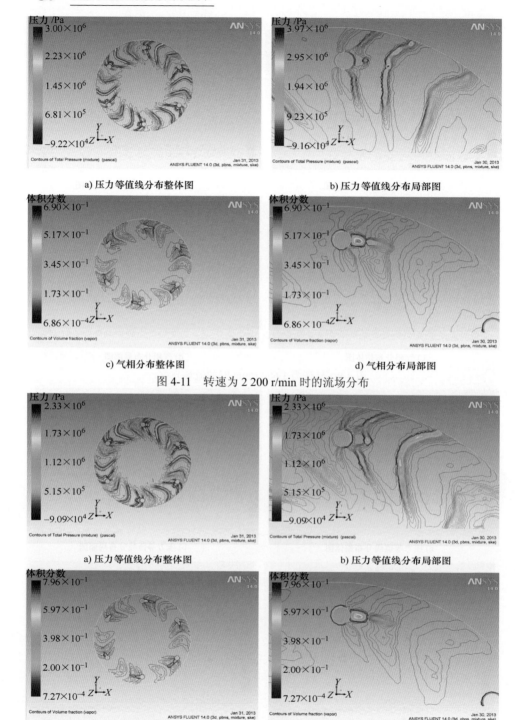

a) 压力等值线分布整体图   b) 压力等值线分布局部图

c) 气相分布整体图   d) 气相分布局部图

图 4-11 转速为 2 200 r/min 时的流场分布

a) 压力等值线分布整体图   b) 压力等值线分布局部图

c) 气相分布整体图   d) 气相分布局部图

图 4-12 转速为 2 500 r/min 时的流场分布

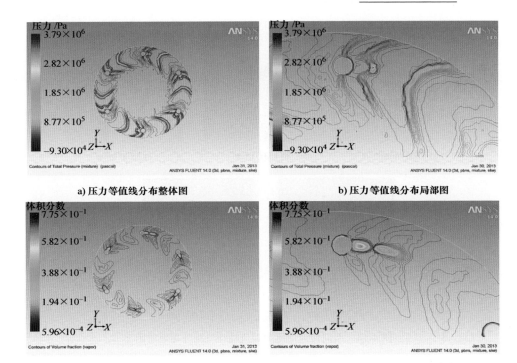

a) 压力等值线分布整体图　　　　　　　　b) 压力等值线分布局部图

c) 气相分布整体图　　　　　　　　　　d) 气相分布局部图

图 4-13　转速为 2 800 r/min 时的流场分布

从以上不同转速的数值模拟流场分布图中可以看出：空蚀磨损的主要发生区域集中在空蚀孔附近，成鱼尾状分布，两个鱼尾间的距离即从猝发涡到破灭的延续距离；随着转速的增加，转盘室内空泡溃灭冲击压力增大，即空蚀磨损的破坏强度与转速成正比。

图 4-14 是不同压力下磨损转盘表面压力等值线和气相分布叠加图，从图中可以看出转速的变化对气泡相的分布有重大影响。随着转速增大，气泡相沿着水流流向扩散，并且结合图 4-9～4-13 气泡相体积分布比可知，气泡相的体积在持续扩大，而空泡溃灭的强度也在不断增加。

（2）试验研究

转速是一个影响空蚀磨损的主要因素。由图 4-15 可知，随着转速的升高，试件磨损量增大，并且根据材料性质的不同，试件的磨损量并不相同，总体而言脆性材料 HT200 的磨损量明显大于其他三种塑性材料 40Cr、45 钢、Q235。这种磨损性能与材料的组织结果以及失效形式密切相关。

随着流速的加大，水流空化数的降低，必然使空化或空蚀结果加剧。固定其他参数不变，单独研究流速对空蚀磨损的影响，从试验结果中选择 3、5、7 组试验数据，通过四种材料的对比可知，45 钢在流速影响下的抗空蚀磨损性能最佳（图 4-16）。

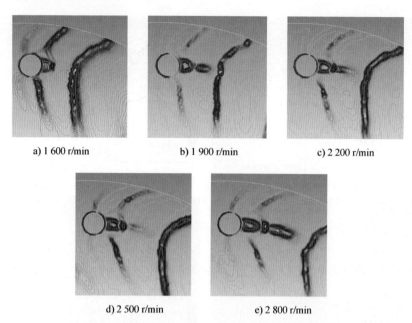

a) 1 600 r/min b) 1 900 r/min c) 2 200 r/min

d) 2 500 r/min e) 2 800 r/min

图 4-14 不同转速下压力等值线和气相分布叠加图

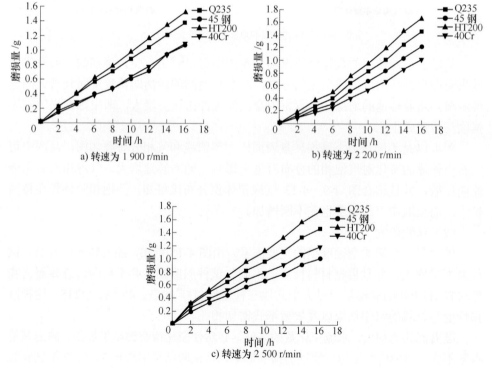

a) 转速为 1 900 r/min b) 转速为 2 200 r/min

c) 转速为 2 500 r/min

图 4-15 不同转速下，试件磨损量与时间的变化曲线

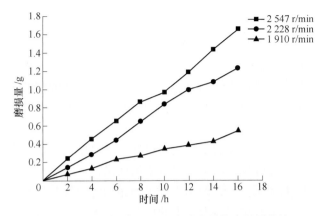

图 4-16　不同转速下 45 钢空蚀磨损的磨损量曲线

　　图 4-17 是不同转速下的磨损试件的 SEM 照片，从图中可知磨损转盘转速越高，试件表面的犁沟状磨痕越长，在低转速下，沙粒在材料表面形成的犁沟并不明显。

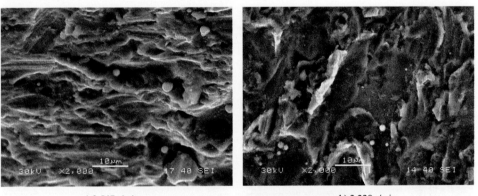

a) 2 547 r/min　　　　　　　　　　　　b) 2 228 r/min

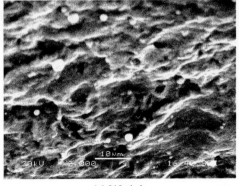

c) 1 910 r/min

图 4-17　不同转速下 45 钢空蚀磨损试件的微观相貌

4.4.4 压力影响

（1）数值分析

图4-18～4-22为转速在2 500 r/min下，压力分别为0.025 MPa、0.050 MPa、0.075 MPa、0.100 MPa、0.125 MPa下流场的压力等值线图和气相分布云图以及两者叠加图。

综合压力变化过程中流场的变化趋势可知，随着压力的增大，流场空泡溃灭的最大冲击压力先增大后减小，呈现曲线变化规律。

图4-23是不同流体压力下，磨损试件表面压力等值线和气相分布叠加图，随着流体压力的增大，空泡溃灭最大压力的位置沿着水流方向偏移，并且气泡相所占的体积比也在持续降低。

（2）试验研究

随着转盘室环境压力的升高，试件磨损先增大后减小，呈现折线变化；同工况的脆性材料（HT200）的磨损量明显大于塑性材料（40Cr、45 钢、Q235），如图4-24所示。

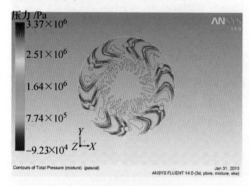

a) 压力等值线分布整体图

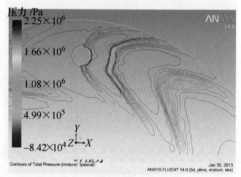

b) 压力等值线分布局部图

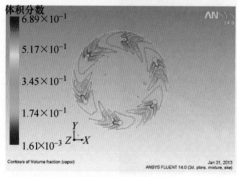

c) 气相分布整体图

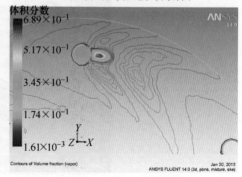

d) 气相分布局部图

图4-18　压力为0.025 MPa时的流场分布

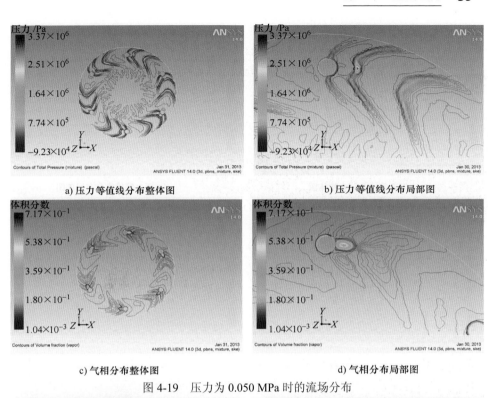

a) 压力等值线分布整体图　　　　b) 压力等值线分布局部图

c) 气相分布整体图　　　　d) 气相分布局部图

图 4-19　压力为 0.050 MPa 时的流场分布

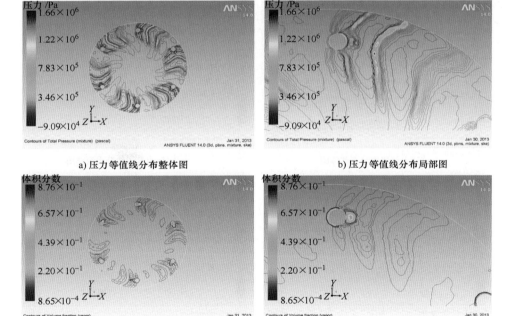

a) 压力等值线分布整体图　　　　b) 压力等值线分布局部图

c) 气相分布整体图　　　　d) 气相分布局部图

图 4-20　压力为 0.075 MPa 时的流场分布

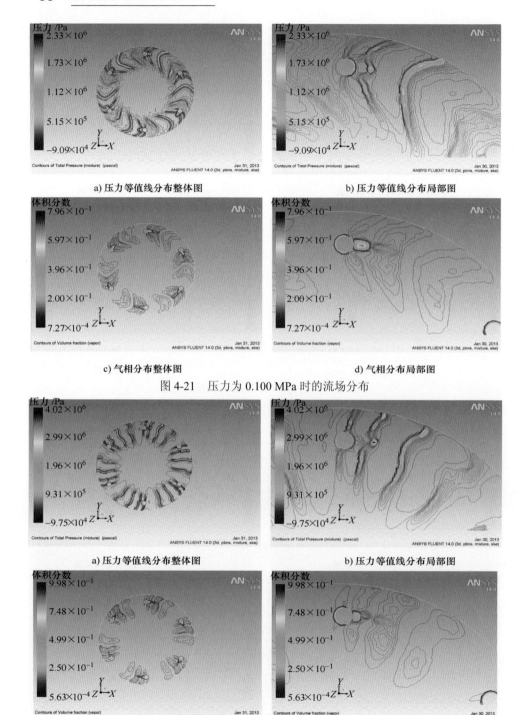

a) 压力等值线分布整体图   b) 压力等值线分布局部图

c) 气相分布整体图   d) 气相分布局部图

图 4-21 压力为 0.100 MPa 时的流场分布

a) 压力等值线分布整体图   b) 压力等值线分布局部图

c) 气相分布整体图   d) 气相分布局部图

图 4-22 压力为 0.125 MPa 时的流场分布

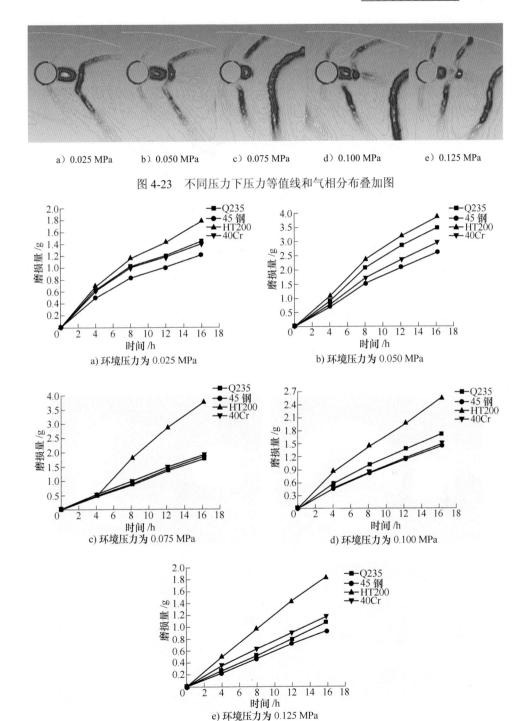

a) 0.025 MPa　　b) 0.050 MPa　　c) 0.075 MPa　　d) 0.100 MPa　　e) 0.125 MPa

图 4-23　不同压力下压力等值线和气相分布叠加图

a) 环境压力为 0.025 MPa

b) 环境压力为 0.050 MPa

c) 环境压力为 0.075 MPa

d) 环境压力为 0.100 MPa

e) 环境压力为 0.125 MPa

图 4-24　不同环境压力下，试件磨损量与时间的变化曲线

在空化区中，压力的增加将使空泡溃灭的强度加大，而向同时由于压力的增加空化区中的空泡数目会减少，这样，当下游压力增加到相当高时，自然会使空泡完全消失，空泡消失前空蚀程度最为严重。固定其他参数不变，单独研究压力对空蚀磨损的影响，从试验结果中选择 4、5、6 组试验数据，通过对比四种材料的磨损量可知，40Cr 在压力影响下的抗空蚀磨损性能最佳。图 4-25 是材料的磨损量随压强变化曲线。

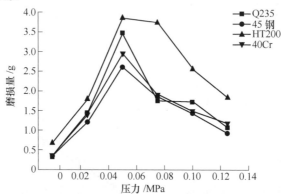

图 4-25　不同压力下 40Cr 空蚀磨损的磨损量曲线

图 4-26 为不同压力下 40Cr 的空蚀磨损试件的形貌。从图 4-27 中可以明显地

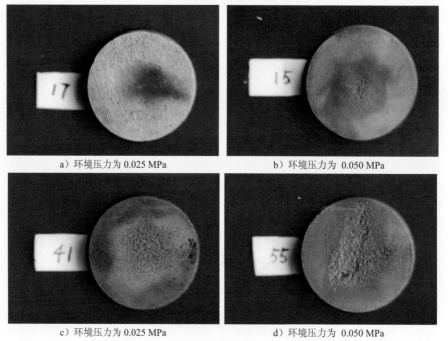

a）环境压力为 0.025 MPa　　　　　　b）环境压力为 0.050 MPa

c）环境压力为 0.025 MPa　　　　　　d）环境压力为 0.050 MPa

图 4-26　不同压力下的空蚀磨损试件的形貌

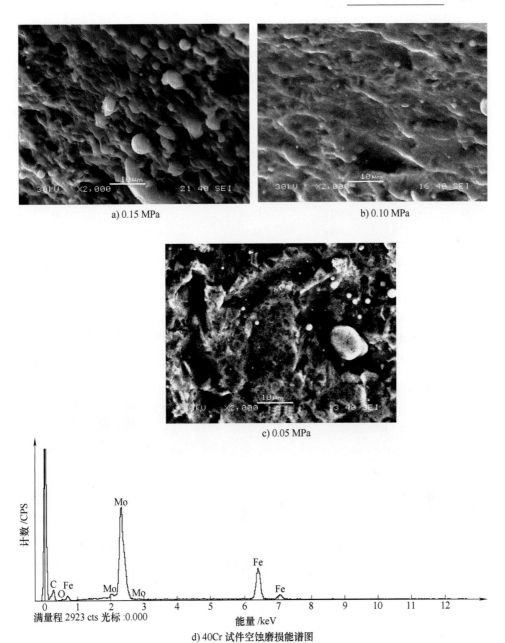

a) 0.15 MPa

b) 0.10 MPa

c) 0.05 MPa

d) 40Cr 试件空蚀磨损能谱图

图 4-27　不同压力下 40Cr 的空蚀磨损 SEM 照片及能谱

看出 40Cr 试件在压力为 0.05 MPa 时空蚀磨损的比较严重，在试件表面材料被小片的剥落，形成了明显的鱼鳞层；在个别的地方还有形成了凹坑，许多地方出现了裂纹和沟槽。40Cr 表面上都存在的大小不一圆形白色的颗粒，经能谱分析，从图 4-27d 和表 4-5 中得知白色颗粒是铁元素的结晶体，因为空蚀磨损是一种疲劳磨损，在微射流的高速冲击下，材料可近似认为承受绝热压缩过程，局部温度会大幅度上升，表层和亚表层氧化形成了氧化铁晶体。表面有较深的犁沟和明显的蜂窝状凹坑以及空蚀洞，表面的氧化层基本上被冲蚀掉，磨损较严重，磨损机理主要是切削和脆性剥落。

表 4-13　图 4-26 中白色颗粒的成分

元素	元素浓度	强度校正	重量百分比（%）	重量百分比 Sigma（%）	原子百分比（%）
C	509.87	0.284 7	47.30	1.66	83.35
O	24.65	0.246 6	2.64	0.81	3.49
Fe	436.50	0.862 6	13.36	0.47	5.06
Mo	1 312.73	0.944 6	36.70	1.22	8.10

4.4.5　空蚀孔参数影响

（1）空蚀孔径

空蚀孔径是指引发和加剧空蚀的源孔直径，它对空蚀过程中气相的含量有重要影响。从图 4-28～4-31 可以看出不同孔径下，空化流场的分布规律近似相同：随着孔径的增大，磨损转盘表面的压力越大，空泡的含量也在持续增加。空蚀源

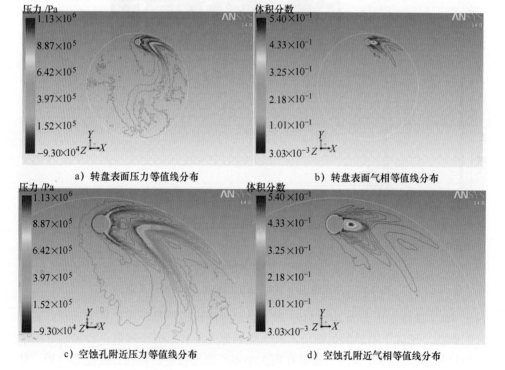

a）转盘表面压力等值线分布　　　　　　b）转盘表面气相等值线分布

c）空蚀孔附近压力等值线分布　　　　　　d）空蚀孔附近气相等值线分布

图 4-28　空蚀孔径为 20 mm 时的流场分布

孔直径越大，转盘旋转过程中对水流流线的破坏越大，压力梯度变化加剧，使得水中气核越容易膨胀，从而增加了水中气相比含量，即加剧了空泡溃灭溃灭过程中的压力冲击。

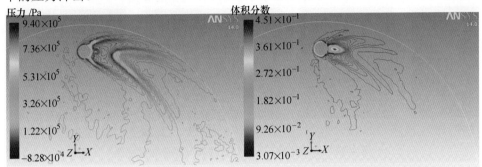

a）空蚀孔附近压力等值线分布   b）空蚀孔附近气相等值线分布

图 4-29　空蚀孔径为 15 mm 时的流场分布

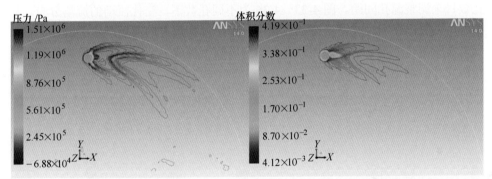

a）空蚀孔附近压力等值线分布   b）空蚀孔附近气相等值线分布

图 4-30　空蚀孔径为 10mm 时的流场分布

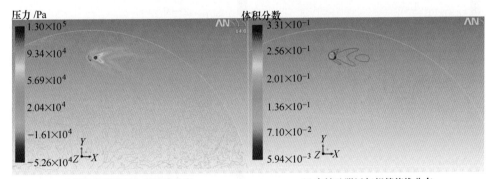

a）空蚀孔附近压力等值线分布   b）空蚀孔附近气相等值线分布

图 4-31　空蚀孔径为 5 mm 时的流场分布

图 4-32 为不同孔径下，空化流场的压力等值线和气相分布叠加图，从图中可

以看出：在空蚀源孔的后方，压力场的分布沿着转盘旋转方向交替呈现出"鱼尾"状分布，空蚀发生在两条鱼尾之间；孔径大小，对鱼尾的夹角影响较小，但大孔径明显加长了尾迹；两个鱼尾的距离约为空蚀孔直径的 2 倍。

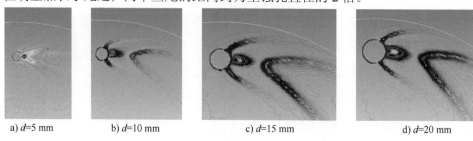

a) d=5 mm   b) d=10 mm   c) d=15 mm   d) d=20 mm

图 4-32   不同孔径下压力等值线和气相分布叠加图

（2）空蚀孔距

在磨损转盘直径相同下，空蚀源孔数越大，孔间距越大，既通过控制空蚀源孔数目来调整源孔间距。图 4-33～4-36 为不同孔数下，空化流动的流场分布。从图中可以看出在空蚀孔距变窄的过程中，单个源孔后方的流场产生了叠加，整体上来看就是在磨损转盘表面源孔所在的分度圆上形成了一圈完整的压力和气相分布圈。孔距越小，叠加越明显。

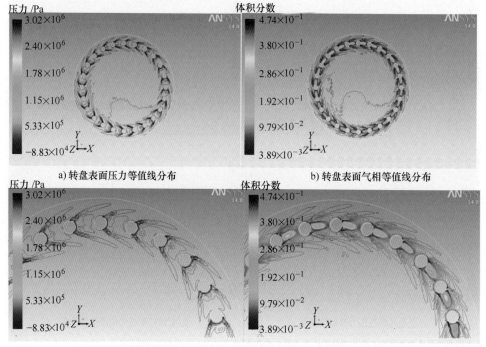

a) 转盘表面压力等值线分布   b) 转盘表面气相等值线分布

c) 局部压力等值线分布   d) 局部气相等值线分布

图 4-33   空蚀孔数为 24 时的流场分布

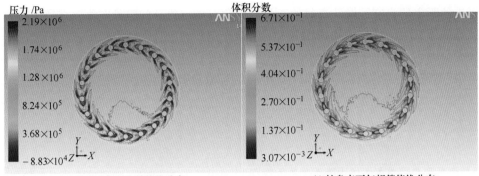

a) 转盘表面压力等值线分布　　　　　b) 转盘表面气相等值线分布

图 4-34　空蚀孔数为 18 时的流场分布

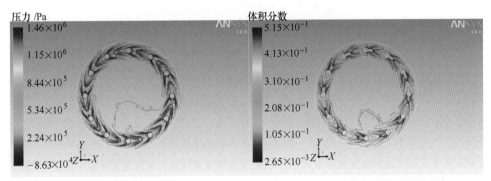

a) 转盘表面压力等值线分布　　　　　b) 转盘表面气相等值线分布

图 4-35　空蚀孔数为 12 时的流场分布

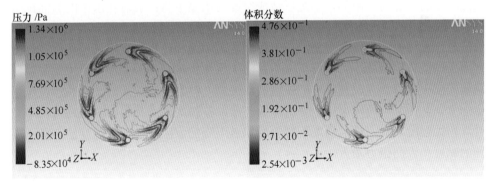

a) 转盘表面压力等值线分布　　　　　b) 转盘表面气相等值线分布

图 4-36　空蚀孔数为 6 时的流场分布

图 4-37 为不同孔数下空化流场的压力与气相叠加分布图，从图中可以看出空蚀源孔距变窄的过程中，单个空蚀源孔后方"鱼尾"状的流场分布被破坏，叠加效果逐渐加强。从空蚀孔径的分析可以知道，空蚀源孔后方流场分布中两个"鱼

尾"的距离约为空蚀源孔直径的 2 倍，因此，当空化孔间距是空化孔直径的 2 倍或其偶倍数时，空蚀叠加导致更大的空蚀产生。这也是发生空蚀后，材料加速流失的原因。

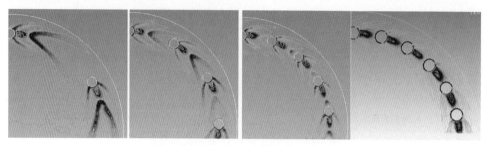

图 4-37　不同孔数下流场叠加分布

4.4.6　温度影响

温度对材料空化性能的影响是通过影响下面几个因素达到的：①液体的黏度、汽化压力、表面张力和密度；②对气泡的长大和破裂的剪切力学影响；③流体中不溶气体量变化；④材料的性能变化。本试验中的空蚀结果也只能表明空蚀是有各种综合因素作用的具体结果，而不能具体的分析温度对材料空蚀影响的关系，但据学者的研究结果表明：由于汽化压力升高的缘故，在较低温度时，随温度卜降，液体中气体的溶解度增高，减缓气泡的爆裂，从而减少射流压力的冲击大小；温度下降，附加的腐蚀作用减少，但两种解释都不完全，前者随着温度下降气体的溶解度的增加是有限的，不足以造成空蚀的明显下将；后者在水中的腐蚀试验很少。PLESSET 曾就温度对金属材料空蚀程度的影响进行过专门研究。他认为水温低时，水体中的气体含量高，对于空泡溃灭的缓冲作用加大，可使作用在过流壁面上的溃灭压强减小。温度上升后，由于气体含量减少，缓冲作用也减少，使空泡的溃灭压强加大，使材料的空蚀破坏加剧；但当水温较高时，饱和蒸汽压强也加大，又使空泡的溃灭压强有所降低。据试验测定，水温从 10 ℃增加到 30 ℃时，空蚀强度增加三倍。温度下降空蚀显著下降的原因是：随着温度的下降，液体的黏度和表面张力增大。

4.5　流体机械空蚀磨损机理

在各种条件下通过对大量金属的空蚀试验后发现，不同材料在受到空泡溃灭冲击时其变化过程是不完全一致的。有些材料硬度很大，在冲击压强作用下，没有损坏，甚至材料表面一层的硬度还会加大，足以抵御一定强度的冲击，而不致发生空蚀，当冲击压强再加大时材料才发生空蚀；另有一些材料在冲击作用下表面产生塑性变形,形成凹坑;由于冲击不断反复作用,最后导致疲劳破坏。由此可见,材料表面薄层的硬度和疲劳极限,对于抵御空蚀是十分重要的。因此,进行表面处理或表面防护,可作为预防空蚀的有效措施。一定范围的液体温度增加,加大了蒸汽压强,因而增加了空化和空蚀的程度。

4.5.1 空蚀的表面形貌分析

试验完成后通过肉眼观察发现 HT200 在 16 h 的空蚀后,表面呈现出 3～5 mm 海绵状凹坑,45 钢在 16 h 后表面出现毛糙和针点状的麻点。为了进一步分析 HT200 和 45 钢的空蚀机理,通过扫描电镜来观察材料空蚀损伤的表面金属结构的变化,如图 4-38 所示。

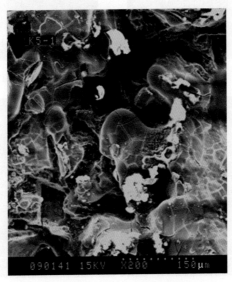

图 4-38　HT200 空蚀 16 h 后的 SEM 照片(×200)

从图 4-38 照片上可以看到,HT200 的表层或者近表层布满了不规则的微裂缝,交错纵横成网状分布,存在较深的凹坑;在凹坑内壁上突起上微裂缝更密集,坑的内壁存在粗糙而又宽大的断裂截面。

从图 4-39、图 4-40 上面可以看到 45 钢的表面下覆盖着较为粗大裂缝,甚至比 HT200 更粗,存在窄而光滑的断裂截面,并且表面布满了密集的旋转褶皱,许多裂缝已经深入或者拓展到材料的里层。

图 4-41 为相同工况下不同材料的空蚀磨损微观形貌。从图 4-41a 上可以清楚地看出,45 钢试件空蚀磨损得较轻微,表面变得粗糙并有许多小针孔,而且在表面有微裂纹和小凹坑。空蚀磨损是一种疲劳磨损,在微射流的高速冲击下,材料可近似认为承受绝热压缩过程。由于 45 钢具有良好的塑性变形,其抗空蚀能力较强。

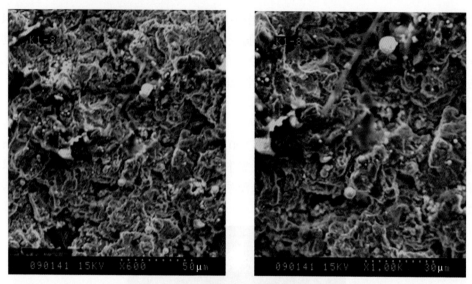

图 4-39　45 钢空蚀 16 h 后的 SEM 照片（×600）　图 4-40　45 钢空蚀 16 h 后的 SEM 照片（×1 000）

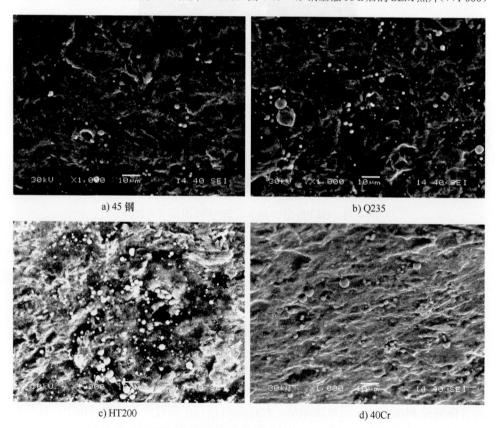

a) 45 钢　　　　　　　　　　　　　　　　b) Q235

c) HT200　　　　　　　　　　　　　　　　d) 40Cr

图 4-41　不同材料空蚀磨损的微观形貌

图 4-41c 是 HT200 试件表面形貌的 SEM。从图中可以看到，HT200 的表层或者近表层布满了不规则的微裂缝，交错纵横地成网状分布。空泡溃灭过程中会产生局部高温，像灰铁 HT200 等低熔点，低热容和低热导率的材料很可能经一次冲击后就发生严重的塑性变形，产生凹坑和坑边缘的塑性堆积，甚至发生熔化现象。空蚀磨损是由微射流的直接冲击力和其诱生的残余应力的反复长时间作用下而逐渐发生和发展的破坏过程，因此材料的空蚀破坏过程是一个低周期疲劳过程。材料的表层和亚表层存在着大量的裂纹，这些裂纹都起源于相界、晶界和材料的各种缺陷，在微射流的冲击下，各晶粒发生不同方向的和不同程度上的塑性变形，从而造成晶界的开裂。而铸铁组织中受石墨缺口作用及基体的缺口敏感性的影响，其抗空蚀破坏能力进一步下降。试验表明随着金属表面屈服极限的提高，空化凹坑深度急剧减少。对于灰铸铁 HT200 这种屈服极限低的材料，大部分冲击脉冲能量都消耗于材料的塑性变形。

4.5.2　空泡溃灭冲击

空泡溃灭瞬间会对实体壁产生冲击波，应用高速摄像机逐帧成像和图像延迟技术观察溃灭气泡的运动和溃灭瞬间产生的冲击波发现：无论气泡位于实体壁的何处，溃灭的气泡通常在再膨胀阶段产生球形冲击波。当气泡在实体壁近处溃灭时，冲击波的强度就弱很多。一个极端的情况：当气泡距离壁非常近时，就会出现非对称式溃灭，非对称溃灭会产生多个波源，就能察到复合冲击波。喷射和冲击波在气泡膨胀到几乎碰到实体壁的一段非常短的时间间隔内同时存在。当气泡在实体壁膨胀到极大时，形状如果是锐接触角的扁球形，射流对冲击力的贡献占主导；如果是钝接触角的扁球形，其冲击波的贡献占主导。

4.5.3　材料表面受力分析

气泡的生成和溃灭的一般过程为：初始球泡的生成→气泡一侧受扰→流体下穿→射流的形成→射流冲击材料表面。研究表明，射流直径只有微米到几十微米量级，打击工件表面的时间只有几微秒，局部压力可达几千到几万个大气压。在微射流的高速冲击下，材料可近似认为承载了绝缘压缩过程，局部温度会大幅度上升。对一些低熔点，低热容和的材料（如铅和镁），经过空泡溃灭冲击后就会产生很大的塑性变形，破坏材料的结构。但一般水力机械常用金属材料，都具有很高的强度和韧性，一次或几次打击不足以造成材料的开裂。气蚀破坏是由微射流的直接冲击力和其诱生的残余应力反复长时间的作用下才逐渐发生和发展，这就决定了材料的破坏过程是一个低周疲劳过程。下面就材料的受力作近似分析。

设微射流的压力为 P，工作受冲击的微区面积为 A，则工件局部受力为：

$$F = P \times A \tag{4-26}$$

由于微射流的作用区远远小于工件的表面积，该问题可近似地看作一集中力作用于一个无限大物体。选择微射流的冲击点为坐标原点，建立坐标系如图4-42所示：

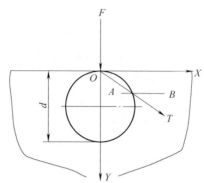

图 4-42　工件在微射流打击下的受力分析

则工件中的任一点都受复杂的三向应力。但在平行工件表面 *AB* 微面上，其所承受的合应力方向通过原点，其大小由式（4-27）给定

$$\sigma = 3F/2\pi d^2 \tag{4-27}$$

式中，σ 为应力，F 为合力。根据弹性力学理论，所有处于以 d 为直径的内切圆周上平行于工件表面的微面积元上所受的合应力值相等，方向都通过原点。可见在接近微射流冲击点的体积微元中，应力允许很大的值，而接受冲击处，是应力和应变的奇点（即无穷大）。当然，由于金属材料都有一定的塑性，冲击点处的材料将会发生屈服，应力和应变都只能达到有限值。而屈服区的大小，则与微射流的冲击大小有关。由于微射流的冲击只有几微秒，随后由于材料弹性形变的恢复，将在受冲击区的亚表层产生残余张应力。在这种不断变化的应力的交替作用下，材料就会发生疲劳破坏。以上分析表明，在微射流的作用下，工件中有一相应的体积元受到该冲击的影响。为使材料发生疲劳破坏，微射流的反复打击不必重复地作用于同一点。

4.5.4　裂缝的萌生、扩展及材料的剥落

材料的空蚀的首要症状是裂纹萌生，通过对空蚀试件的电镜扫描照片观察发现材料表面的空蚀均有裂缝的出现，进而裂缝扩展使得材料表面的质量流失。当裂缝连接在一起时，甚至可以使得金属表层成块的脱落。这些裂纹都起源于相界晶界和材料的各种缺陷处，如夹杂第二相粒子、铸件的砂眼、气孔和表面的机械性切痕等。如微射流的打击点正处在晶界附近，则打击点两侧的晶粒所受的应力的指向不同，晶粒内被激励操作的滑移系也不同，这样就可能产生塑性变形的不协调，从而造成晶界的开裂。即使两晶粒都处于微射流打击点的一侧，如果该晶

界属大角晶界，也就是说两晶粒的取向差大，晶界的初级滑移系的取向差也就大，这样两晶粒内的塑性变形也会产生很大的不协调，造成沿晶界的开裂，相界也经常成为微裂纹的萌生处，这是由于两相的晶体结构不同，从而造成塑性变形的不协调。至于材料中的缺陷，容易造成应力和应变的集中，使裂纹经常在这些缺陷处最先出现。至于材料的一些表面缺陷，如机械刻痕，除造成应力集中外，本身就是空化源，从而加强了空蚀作用。表层的裂纹大多近于垂直材料表面，或者随机地沿晶界、相界的走向而分布，且亚表层裂纹大都近于平行试件表面。

　　空蚀试件材料的表层和亚表层存在着大量的裂纹，这些裂纹都起源于相界，晶界和材料的各种缺陷处。在微射流的冲击下，各晶粒发生不同方向的和不同程度上的塑性变形，从而造成晶界的开裂。

　　从空蚀试件的电镜扫描照片可以看出，HT200 表面布满了不规则的小裂缝，在裂缝成网状分布的地方明显出现了材料剥落现象，蚀坑的内壁存在粗糙而又宽大的断裂截面，裂缝的进一步增粗，使得材料剥落；45 钢存在窄而光滑的断裂截面，许多裂缝已经深入或者拓展到材料的亚表层。当裂缝增大时，覆盖在裂缝上面的材料就会脱落。尽管空蚀在本质上是一个低周疲劳过程，但是空蚀破坏也有其本身的特点：当材料发生汽蚀时，表面及亚表面会同时生成大量的微裂纹；这些微裂纹在微射流的冲击下各自扩展；一些垂直于表面的裂纹向材料深处扩展时，由于应力状态的改变，裂纹会出现分叉，这些微裂纹扩展一个或几个晶粒后就会相交，造成材料的剥落；裂纹的扩展一般是穿晶型的，有时在材料受空蚀的表面可见类似疲劳纹似的裂纹扩展痕迹；裂纹扩展的驱动力是微射流的冲击力，如若微射流正好冲击在已成的裂纹中，则成为一 "水楔" 将裂纹劈开，如图 4-43a 所示；如若微射流的打击点在裂纹的一侧，如图 4-43b 所示，则会产生一错开力，使裂纹沿受力方向错开，类似亚形裂纹。至于亚表层的裂纹扩展的驱动力，则由前面的受力分析可知，是由于微射流的冲击所诱导的剪应力和由于应变回复而导致的残余拉应力的共同作用的结果。从而产生独特的形貌就是在材料表面形成鱼鳞坑或蜂窝状孔洞。

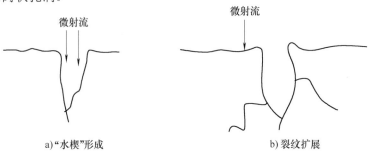

　　　　a) "水楔" 形成　　　　　　　　　　　　b) 裂纹扩展

图 4-43　空蚀时裂纹扩展的受力示意图

从上面分析可知材料表面的磨损是在射流冲击压力的作用下产生的，但对低熔点的金属，也可能出现熔化的现象。

总之，空蚀是金属在流体中的一种动力学作用下的损伤方式。水汽化所产生的气泡，随着水流往前运动，进入高压区后，由于压力的变化，气泡内的蒸汽又重新凝成水，由于体积突然收缩，气泡原来所占有的空间即形成真空，于是周围的高压水流质点高速地冲进这一空间，从而形成强大的水锤压力，这种瞬时脉冲压力，有时竟达几百甚至几千大气压力。另一方面，从水中分析出来的小气泡，在水锤压力的作用下急剧压缩，一直到气泡的弹性压力大于水锤压力。在过流表面的某一地区，随着紊流不断流过，重演着气泡形成和破裂，压缩和膨胀的瞬时过程，产生高频繁的脉冲水锤压力。机件在此水锤压力的反复打击下，表面金属受到重复载荷，当这种"疲劳应力"超过材料的疲劳极限时，金属表面即遭破坏。在此同时，除了机械破坏作用还存在化学与电化学作用，气泡在高压区被压缩时要放出热量，同时因水锤压力冲击，表面还将产生局部高温，在这种高压高温作用下，可能产生金属的局部氧化，同时由局部高温在金属中形成热电偶并引起金属的电化学腐蚀。

参 考 文 献

[1] 黄继汤. 空化与空蚀的原理及运用[M]. 北京: 清华大学出版社, 1991.

[2] 庞佑霞, 刘厚才, 郭源君. 考虑边界层的水泵叶片冲蚀磨损机理研究[J]. 机械工程学报. 2002, 38(6): 123-126.

[3] 柯乃普 R T, 戴利 J W, 哈密脱 F G. 空化与空蚀 [M]. 北京: 水利出版社, 1981.

[4] 聂荣昇. 水轮机的空化与空蚀[M]. 北京: 水利电力出版社, 1985.

[5] 唐勇, 朱宗铭, 庞佑霞, 等. 冲蚀和空蚀交互磨损及其影响因素研究[J]. 水力发电学报, 2012, 31(05): 272-277.

[6] 庞佑霞, 刘厚才, 唐果宁. 离心泵叶轮材料 HT200 的空蚀磨损机理研究[J]. 润滑与密封, 2003(6): 26-27.

[7] 庞佑霞, 唐勇, 梁亮, 等. 镍基自熔合金 Ni67 的空蚀磨损特性研究[J]. 润滑与密封, 2009, 34(12): 34-36.

第5章　冲蚀与空蚀交互磨损

冲蚀与空蚀交互磨损是高速含沙水流空蚀破坏与冲蚀磨损共同作用造成过流表面的磨损破坏。从外观形态看交互磨损对过流部件的破坏处处存在，并且有明显的区域性和方向性。磨损破坏的材料表面会出现波纹状的沟槽和鱼鳞状的坑状。大量试验表明：塑性较好、硬度较低的材料容易产生沟槽状磨痕，脆性材料以及硬度大的材料容易出现鱼鳞状蚀坑。含沙水流对材料表面的交互作用属于磨粒磨蚀范畴。水流中部分沙粒随水流以某个角度冲击壁面，其作用力可分解成平行和垂直于壁面的两分力，平行分力对材料有切削的作用，垂直分力能使材料受冲击疲劳变形。因而可以认为沙粒对过流表的磨蚀过程同时存在微切削磨蚀与变形磨蚀。材料在泥沙冲蚀和空蚀的联合作用下，遭受破坏的程度要比单纯冲蚀或纯空蚀严重得多，其破坏机理更为复杂，影响因素更多。

5.1　交互磨损理论研究基础

5.1.1　空泡和沙粒的相互作用

在气液固三相流中，沙粒的运动轨迹往往受到空泡的影响，空泡溃灭的瞬时冲击扰乱了水流的流向，从而影响沙粒的运动。同样空泡的密度及分布也会受到沙粒冲击的影响，部分空泡在被水流压溃前就被沙粒击穿，从而提前溃灭。流体机械过流部件材料的损失是冲蚀磨损与空蚀破坏相互作用的结果。

（1）沙粒对空泡的影响

从第四章空蚀磨损的分析可知，空泡的形成与水流中的汽核含量有关。根据哈维理论，气体微团存在于沙粒的不平整狭缝中。沙粒增加了水中气核的含量，从而含沙水中的空气核子数比清水多。当水中沙粒在水流的作用下加速时，在沙粒后方将形成压力下降区，从而使沙粒表面和水中的气泡析出，产生空泡。当其他条件相同时，含沙水流比清水的空泡含量更多。

空化对过流部件材料表面的破坏强度由空泡的破裂和失稳条件决定。稳定通过的空泡不造成材料的破坏。当空泡溃灭冲击过流部件，使得材料表面产生微小的针孔或缝隙而凹凸不平时，就会产生破坏性空蚀。在这一过程中又会促进了局部漩涡的形成和空蚀的发展，从而加速金属材料的进一步破坏。当水流中含有一定浓度的泥沙颗粒时，由于沙粒的磨损使空蚀破坏的不平表面趋向平整，因而限制了空蚀破坏的上述加速过程。在这种情况下,水中所加入的泥沙颗粒就会磨光空蚀破坏表面,缓和空蚀破坏的强度。另一方面,空泡受沙粒冲击而破裂成较小的尺寸,因而破坏强度降低,所以水流中含有一定数量的沙粒可使空蚀破坏减轻。

(2)空泡对沙粒的影响

冲蚀破坏是沙粒对材料表面的微切削和变形磨损,所以沙粒的冲蚀磨损强度取决于沙粒的动能。从空泡的初生、发展直到膨胀溃灭过程中,均会对水流的连续性产生干扰,使水流产生局部扰动,从而对沙粒做功,增加沙粒的动能,造成更快和更强烈的沙粒磨损,这样空化过程将使沙粒磨损加剧。

(3)空蚀与沙粒的共同作用

对于空蚀磨损与冲蚀磨损共同作用的磨蚀规律,目前研究得不太充分,还没有得出确定的磨损理论。通常的处理方法是:当空蚀磨损的强度大大超过冲蚀磨损强度时,默认过流部件的磨蚀遵循空蚀磨损的规律;当冲蚀磨损强度大为超过空蚀磨损强度时,过流部件得磨蚀遵循沙粒磨损的规律。但是在实际工况中,空蚀磨损与冲蚀磨损强度接近,材料的破坏表现为两者的共同作用,即交互磨损。

对于交互磨损规律并没有理论磨损模型,大量学者通过试验研究,得到了交互作用的材料磨损规律,此规律由图形曲线表达,如图 5-1,a_1、a_2 曲线表示空化

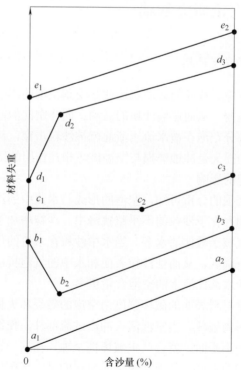

图 5-1　交互磨损与空蚀磨损试件磨损形貌

现象很弱或初生空化阶段的磨蚀情况。此时，单纯空化并不能造成材料的磨蚀相应于 a_1 点。随水中含沙量增加，材料磨蚀损耗直线上升。材料表面的磨蚀形态完全表现为沙粒磨损的特征。因存在空化扰动，损耗量较单纯沙粒磨损为高。

当空化现象由初生空化向破坏空蚀过渡时，材料损耗相应于 b_1 点。当水中加入沙粒后，如前所述，沙粒磨光了空蚀造成的不平表面，减弱了材料的空蚀损耗。随含沙量增加，这种磨光保护作用愈有效，材料损耗随之下降愈多。在 b_2 点以前主要以空蚀损耗为主。出 b_2 点以后，因含沙量的增大，使冲蚀磨损作用超过了空蚀作用，总磨蚀量重新回升。材料表面的磨损形态则表现为沙粒磨损的特征。

c_1、c_2 线段相应于破坏性空蚀阶段，空蚀强度较大。如果水中混入的沙粒含量不够大时，冲蚀磨损的效果不足以显著改变空蚀的破坏形态。因此，含沙量的变化不能使总的材料磨蚀损耗改变。只有当含沙量增大到一定程度（取决于空蚀的强度），沙粒磨损的效果开始影响总磨蚀量。c_2 点以后，随含沙量进一步增加，空蚀与冲蚀磨损共同作用而使总磨损量直线上升，如 c_2、c_3 线段所示。

在清水环境下，空蚀破坏更为剧烈。如果过流表面材料有较大塑性，空蚀将使材料表面破坏成蜂洞。而在蜂洞四周，塑性金属被挤压出来形成堆积层。如果水流中含有泥沙颗粒时，沙粒很易将这些堆积层大块剥落，使总磨蚀损耗量剧增，如 d_1、d_2 线段所示，其中 d_2 点相应的含沙量是这种加速破坏的最优值。含沙量继续增加时，总磨损量将平稳上升，而主要取决于沙粒磨损与空蚀的共同磨蚀作用。

当空蚀足够剧烈时，水中掺入沙粒不能影响原来的破坏形态。总磨损量为空蚀磨损与冲蚀磨损的叠加，如 e_1、e_2 线段所示。其总磨损量当然要远大于单纯空蚀或单纯冲蚀磨损的损耗量。

（4）冲蚀磨损和空蚀磨损共同作用有效系数

为了比较在交互作用下材料磨蚀失重与单纯空蚀或冲蚀下材料失重之间的关系，可定义：

$$K = \frac{\Delta G_T}{\Delta G_c + \Delta G_e} \tag{5-1}$$

式中，K 是空蚀与冲蚀交互磨损共同作用有效系数；ΔG_T 是交互磨损下材料的总失重；ΔG_c，ΔG_e 分别为单独空蚀和单独冲蚀下的材料失重。

交互磨损下的材料总失重为空蚀所造成的失重与磨损所造成的失重之和：

$$\Delta G_T = K_1 \Delta G_c + K_2 \Delta G_e \tag{5-2}$$

令：

$$K_c = \frac{\Delta G_T}{\Delta G_c} \qquad K_e = \frac{\Delta G_T}{\Delta G_e} \tag{5-3}$$

则可确定交互磨损的有效系数 K：

$$K = \frac{K_c K_2 + K_e K_1}{K_c + K_e}$$　　　　　　（5-4）

式中，K_c 是空蚀磨损的相对失重系数；K_e 是冲蚀磨损的相对失重系数；K_1 交互磨损时空蚀失重的变化系数；K_2 交互磨时冲蚀失重时变化系数。

在交互磨损下，因空化扰动的存在，沙粒总可获得附加动能。因此沙粒磨损将有所增大，K_2 总大于 1。而因沙粒的存在，如前所述，可以在一定条件下加强或减弱空蚀的破坏作用，因此，K_1 可大于 1 或小于 1。

交互磨损的有效系数 K 值与作用条件有关。如果交互作用破坏是在局部绕流条件下进行的，这时在交互作用下，材料的失重将大于单纯空蚀和单纯冲蚀磨损时的失重之和，即有效作用系数 $K>1$。而对于射流冲击试验，交互磨损的有效系数可以小于 1。即在交互磨蚀作用下，空蚀或沙粒磨损的破坏效果减弱。

在水轮机装置中所产生的冲蚀磨损与空蚀磨损的联合作用，更加接近于水洞试验条件。在清水空蚀破坏过程中。材料的表面会形成一层空蚀保护膜，起着减缓空蚀的作用。而水中含沙时，由于沙拉的冲刷，此保护膜难以形成。同时，被空蚀破坏疏松了的材料表面，也将不断被沙粒冲掉，致使基体材料不断暴露在空蚀的直接作用下，而加剧材料破坏。这是含沙水中空蚀破坏较清水空蚀更为剧烈的原因，也是材料表面呈现光滑的鱼鳞坑和沟槽的原因。流体机械在含沙水流中遭到快速损坏的原因是空蚀所致，而单纯的沙粒磨损并不能造成严重的材料损失[1]。

5.1.2　空泡、沙粒的运动分析

（1）空泡、固体颗粒在近壁区的运动特性分析

在拟序结构下分析空泡近壁区的运动规律时，需要重新考虑理想空泡运动方程的适用性。不难发现其方程的本质是关于空泡与其周围流体相对运动速度的关系式，这是关于异质粒子在湍流场中的跟随性的问题。这里异质粒子是指空泡、固体颗粒等与流体质点不同比重的粒子。在湍流场中，跟随性的问题是指这些粒子能否跟随其周围的流体运动。粒子对流体运动的跟随性，决定于粒子的有效惯性响应时间和湍流的含能波数。如果粒子的响应时间与含能波数的倒数值相近，则粒子基本上能跟随上湍流运动的变化[2]。

在拟序结构下，由于粒子与猝发的流体团具有良好的跟随性。在空泡运动方程中的空泡与其周围流体的相对速度约为零。由于猝发时的喷射运动与扫掠运动破坏了近壁边界层的内区结构，内区附壁的层流流动结构此时不存在了。猝发过程中的扫掠运动将空泡、固体颗粒等粒子从边界层外区，再带到边界层近壁面的内区，与壁面发生作用，造成了磨蚀破坏。这股从边界层外卷向边界层内区近壁层扫掠壁面的流体团，受到了压力波的加速作用。显然扫掠流团的运动速度与外

区流体的运动速度存在差异。由于空泡和沙粒的质量比不同，其在边界层的运动状态也不完全一致。

（2）沙粒的动力学方程

综合前人研究，描述多项流动状态主要有两种方法：欧拉-欧拉方法和欧拉-拉格朗日方法。欧拉-欧拉方法是将流动的承载介质作为连续相处理，对于分散介质作为拟连续介质处理，两相流动都在欧拉坐标下加以描述。欧拉-拉格朗日方法将流动承载介质作为连续相处理，在欧拉坐标下描述，而将分散介质以离散相的形式在拉格朗日坐标体系下，运用颗粒轨道模型进行处理。

在气液固三相流冲蚀与空蚀交互磨损中，采用欧拉-拉格朗日方法处理流场。在多相流的研究中一般将空泡和沙粒等研究对象统称为颗粒，颗粒的受力情况大致相同，自身属性不同，受力有所区别。颗粒的大小和密度是影响流场流动最大的自身因素，一般直径在 $1\sim10\,\mu m$ 范围内的颗粒称为微颗粒，需要在亚观尺度下研究[3]。颗粒的受力包括：重力和浮力、黏性阻力、加速度力、压强梯度力、速度梯度力以及其他作用力。其中黏性阻力是由于流体的黏性产生的内部力，阻碍流体的相对运动，是边界层附近对颗粒影响最大的力；加速度力为颗粒加速过程中所承受的附加力，包括附加质量力和 Basset 力；压强梯度力方向与压强梯度方向相反，从高压区指向低压区；速度梯度力一般称为 Saffman 升力，是颗粒在运动过程中因剪切和滑移联合作用所产生的力；其他作用力包括 Magnus 升力、热泳力、布朗力以及表面张力。Magnus 升力由颗粒自身旋转产生；一般在有辐射或热迁移过程中才考虑热泳力；表面张力对空泡有重要影响。当颗粒为亚微观粒子时才考虑布朗力、Basset 力、Magnus 升力和 Saffman 升力[3-6]。

在笛卡儿坐标系下，离散相颗粒的受力平衡方程为：

$$\frac{\mathrm{d}u_j}{\mathrm{d}t} = F_D(u_i - u_j) + \frac{g_x(\rho_j - \rho_i)}{\rho_j} + F_G + F_P + F_x \tag{5-5}$$

其中黏性阻力 F_D（也叫相间曳力）：

$$F_D = \frac{18\mu}{\rho_j d_j^2} \frac{C_D Re}{24} \tag{5-6}$$

C_D 为曳力系数：

$$C_D = a_1 + \frac{a_2}{Re} + \frac{a_3}{Re} \tag{5-7}$$

式中，u_i 为流体相速度；u_j 为颗粒相速度；ρ_i 为流体相密度；ρ_j 为颗粒相密度；F_D 为单位质量曳力；F_G 为附加质量力；F_P 为压力梯度影响力；F_x 为附加作用力；d_j 为颗粒直径；Re 为雷诺数；C_D 为曳力系数；a_1、a_2、a_3 为常数。

附加质量力是离散相颗粒在有重力影响的作用下，使颗粒周围流体加速所必须考虑的附加作用力：

$$F_G = \frac{1}{2}\frac{\rho_i}{\rho_j}\frac{\mathrm{d}}{\mathrm{d}t}(u_i - u_j) \tag{5-8}$$

由于流场中有空化作用，由于气泡溃灭的冲击会使近壁面产生很大的压力梯度，所以必须考虑梯度压力引起的附加作用力：

$$F_P = (\frac{\rho_i}{\rho_j})u_j\frac{\partial u_i}{\partial u_j} \tag{5-9}$$

在模拟试验中我们将旋转区域重新定义了一个绕 Z 轴旋转的参考坐标系，由于它的引入，我们需要在附加力 F_x 中将旋转坐标系引起的附加力考虑进来，它可以写成离心力和科氏力之和的形式：

$$\left(1-\frac{\rho_i}{\rho_j}\right)\boldsymbol{\omega}(\boldsymbol{\omega}\times\boldsymbol{r}) + 2\boldsymbol{\omega}\left(\boldsymbol{u}_j - \frac{\rho_i}{\rho_j}\boldsymbol{u}_i\right) \tag{5-10}$$

式中，r 为向径；$\boldsymbol{\omega}$ 为叶轮的角速度。

对离散相颗粒受力平衡方程积分就可得到离散相颗粒每一个位置上的速度 u_j，而位移对时间的导数就是速度即：

$$\frac{\mathrm{d}x}{\mathrm{d}t} = u_j \tag{5-11}$$

进而可以得到颗粒轨道方程的求解式：

$$X = \int u_j \mathrm{d}t \tag{5-12}$$

（3）空泡在湍流中的运动方程

空泡从初生到溃灭是一个变化过程，就空泡单个状态分析受力意义不大，故通过空泡动力学模型来研究空泡半径随时间的变化规律，进而研究空泡溃灭过程中的压力变化。Rayleigh 在研究空泡溃灭压力大小以及溃灭时间过程中，从不可压缩流体的连续运动方程最早推导出了理想空泡动力学方程[7]：

$$r\frac{\mathrm{d}^2r}{\mathrm{d}t^2} + \frac{3}{2}\left(\frac{\mathrm{d}r}{\mathrm{d}t}\right)^2 = \frac{P - P_0}{\rho} \tag{5-13}$$

式中，r 为空泡半径；P 为流体压力；P_0 为参考点压力。

在实际模型中，空泡的溃灭时间只有微秒级，空化主要发生在边界层，黏性底层对空泡的影响不能忽略；空泡初生与溃灭过程中受到的表面张力也对空泡的变化有重大影响。图 2-1 分析了空泡在边界层的受力情况，边界层的厚度随着水流速度变化而发生改变[8]。空泡受到液体的剪切黏性力与空泡到叶片表面的距离成反比；表面张力和流体压力是瞬态变化的，直接影响着空泡半径的变化。

1）考虑流体黏度的影响

流体的黏滞性在空泡初生和溃灭过程中会产生阻尼和消耗能量，所以流体的黏度会影响空穴的最大尺寸，减缓空穴初生和溃灭速率。流体黏度的影响可以表示为[9-10]：

$$\Delta P = -\frac{4\mu}{r}\frac{\mathrm{d}r}{\mathrm{d}t} \tag{5-14}$$

式中，μ 为液体运动黏度。

2）考虑表面张力的影响

表面张力在空泡的初生期会减小空泡的最大尺寸，在空泡溃灭期会加快其溃灭过程，所以表面张力的存在会增大空泡溃灭的破坏力。表面张力的影响可以表示为[9,11]：

$$\Delta P = -\frac{2\sigma}{\rho r} \tag{5-15}$$

式中，σ 为壁面张应力。

综合以上分析，推导出实际的空泡动力学方程：

$$r\frac{\mathrm{d}^2 r}{\mathrm{d}t^2} + \frac{3}{2}\left(\frac{\mathrm{d}r}{\mathrm{d}t}\right)^2 = \frac{1}{\rho}\left(P - P_0 - \frac{4v}{r}\frac{\mathrm{d}r}{\mathrm{d}t} - \frac{2\sigma}{r}\right) \tag{5-16}$$

空泡动力学方程联合动量方程就可求解空泡的溃灭压力和溃灭时间。

5.2　交互磨损的数值分析

5.2.1　数值分析的控制方程

假设转盘表面三相流为稳定流，交互磨损过程中，首先考虑流体质量守恒和动量守恒方程，再综合考虑沙粒作用力平衡方程和完整空蚀模型。

设液体的密度为 ρ，引入哈密顿微分算子：

$$\nabla \equiv \boldsymbol{i}\frac{\partial}{\partial x} + \boldsymbol{j}\frac{\partial}{\partial y} + \boldsymbol{k}\frac{\partial}{\partial z}$$

以液体中的某一微元体为研究对象。根据质量守恒，可得连续方程：

$$\frac{\partial \rho}{\partial t} + \nabla \cdot (\rho \boldsymbol{u}) = 0 \tag{5-17}$$

根据动量守恒，可得动量方程：

$$
\begin{cases}
\dfrac{\partial(\rho u_x)}{\partial t} + \nabla \cdot (\rho u_x \boldsymbol{u}) = -\dfrac{\partial \boldsymbol{p}}{\partial x} + \dfrac{\partial \tau_{xx}}{\partial x} + \dfrac{\partial \tau_{yx}}{\partial y} + \dfrac{\partial \tau_{zx}}{\partial z} + F_x \\[2mm]
\dfrac{\partial(\rho u_y)}{\partial t} + \nabla \cdot (\rho u_y \boldsymbol{u}) = -\dfrac{\partial \boldsymbol{p}}{\partial y} + \dfrac{\partial \tau_{xy}}{\partial x} + \dfrac{\partial \tau_{yy}}{\partial y} + \dfrac{\partial \tau_{zy}}{\partial z} + F_y \\[2mm]
\dfrac{\partial(\rho u_z)}{\partial t} + \nabla \cdot (\rho u_z \boldsymbol{u}) = -\dfrac{\partial \boldsymbol{p}}{\partial z} + \dfrac{\partial \tau_{xz}}{\partial x} + \dfrac{\partial \tau_{yz}}{\partial y} + \dfrac{\partial \tau_{zz}}{\partial z} + F_z
\end{cases}
\tag{5-18}
$$

式中，u_x，u_y，u_z 为液体微元体速度矢量 $\boldsymbol{u}$ 在 x，y，z 方向的分量；p 为液体微元体上的压力；τ_{xx}，τ_{xy}，τ_{xz}，τ_{yx}，τ_{yy}，τ_{yz}，τ_{zx}，τ_{zy}，τ_{zz} 为分子黏性作用而产生的作用在微元体表面的黏性应力 $\boldsymbol{\tau}$ 的分量；F_x，F_y，F_z 为黏液微元体上的体力。

对于牛顿流体，有：

$$
\begin{cases}
\tau_{xx} = 2\mu \dfrac{\partial u_x}{\partial x} + \lambda \nabla \cdot \boldsymbol{u} \\[2mm]
\tau_{yy} = 2\mu \dfrac{\partial u_y}{\partial y} + \lambda \nabla \cdot \boldsymbol{u} \\[2mm]
\tau_{zz} = 2\mu \dfrac{\partial u_z}{\partial z} + \lambda \nabla \cdot \boldsymbol{u} \\[2mm]
\tau_{xy} = \tau_{yx} = \mu \left(\dfrac{\partial u_x}{\partial y} + \dfrac{\partial u_y}{\partial x} \right) \\[2mm]
\tau_{xz} = \tau_{zx} = \mu \left(\dfrac{\partial u_x}{\partial z} + \dfrac{\partial u_z}{\partial x} \right) \\[2mm]
\tau_{yz} = \tau_{zy} = \mu \left(\dfrac{\partial u_y}{\partial z} + \dfrac{\partial u_z}{\partial y} \right)
\end{cases}
\tag{5-19}
$$

式中，μ 为黏液动力黏度，λ 为第二黏度，通常取为 $-2/3$。

湍流是自然界非常普遍的流动类型，湍流运动过程中，流体质点相互掺混，做无序的随机运动，其局部速度、压力等物理量在时间和空间中都可能发生不规则的脉动。当转盘在试验系统中高速旋转时，转盘表面液体的流动为湍流，液体的压力和速度随时间变化而变化，并且脉动性较强。采用时间平均法，把湍流运动看成两个流动叠加而成，一个是时间平均流动，一个是瞬时脉动流动。即物理量的瞬时值 ϕ、时均值 $\bar{\phi}$ 及脉动值 ϕ' 之间有如下关系：

$$
\varphi = \bar{\varphi} + \varphi'
\tag{5-20}
$$

其中，时均值引入 Reynolds 平均，取 $\bar{\phi} = \dfrac{1}{\Delta t} \int_t^{t+\Delta t} \phi(t)\mathrm{d}t$。

将

$$\boldsymbol{u} = \overline{\boldsymbol{u}} + \boldsymbol{u}' \quad u_x = \overline{u}_x + u'_x \quad u_y = \overline{u}_y + u'_y \quad u_z = \overline{u}_z + u'_z \quad p = \overline{p} + p' \quad （5\text{-}21）$$

代入方程（5-17）至（5-18），并对时间取平均，可得到时均形式的连续方程和动量方程。

湍流模型采用 Reynolds 平均法中的涡黏模型，可得：

$$-\rho \overline{u'_i u'_j} = \mu_t \left(\frac{\partial \overline{u}_i}{\partial x_j} + \frac{\partial \overline{u}_j}{\partial x_i} \right) - \frac{2}{3} \left(\rho k + \mu_t \frac{\partial \overline{u}_i}{\partial x_i} \right) \delta_{ij} \quad （5\text{-}22）$$

$$\delta_{ij} = \begin{cases} 1 & i = j \\ 0 & i \neq j \end{cases}$$

式中，μ_t 为湍动黏度；k 为湍动能。

涡黏模型采用标准 $k\text{-}\varepsilon$ 模型，引入湍动耗散率 ε，而湍动黏度 μ_t 可表示成 k 和 ε 的函数，即：

$$\mu_t = \rho C_\mu \frac{k^2}{\varepsilon} \quad （5\text{-}23）$$

式中，C_μ 为经验常数，取 0.09。

对于标准 $k\text{-}\varepsilon$ 模型，根据文献[12]有：

$$\frac{\partial(\rho k)}{\partial t} + \frac{\partial(\rho k \overline{u}_i)}{\partial x_i} = \frac{\partial}{\partial x_j} \left[\left(\mu + \frac{\mu_t}{\sigma_k} \right) \frac{\partial k}{\partial x_j} \right] + G_k - \rho \varepsilon \quad （5\text{-}24）$$

$$\frac{\partial(\rho \varepsilon)}{\partial t} + \frac{\partial(\rho \varepsilon \overline{u}_i)}{\partial x_i} = \frac{\partial}{\partial x_j} \left[\left(\mu + \frac{\mu_t}{\sigma_\varepsilon} \right) \frac{\partial \varepsilon}{\partial x_j} \right] + \frac{C_{1\varepsilon} \varepsilon}{k} G_k - C_{2\varepsilon} \rho \frac{\varepsilon^2}{k} \quad （5\text{-}25）$$

其中，$G_k = \mu_t \left(\dfrac{\partial \overline{u}_i}{\partial x_j} + \dfrac{\partial \overline{u}_j}{\partial x_i} \right) \dfrac{\partial \overline{u}_i}{\partial x_j}$，$\sigma_k = 1.0$，$\sigma_\varepsilon = 1.3$，$C_{1\varepsilon} = 1.44$，$C_{2\varepsilon} = 1.92$。

同时将沙粒的受力方程式（5-5）稍作简化得到数值计算控制方程：

$$\begin{cases} \dfrac{\mathrm{d}u_p}{\mathrm{d}t} = F_D(u - u_p) + \dfrac{g_z(\rho_p - \rho_l)}{\rho_p} + F_z \\[2mm] F_D = \dfrac{18\mu}{\rho_p d_p^2} \dfrac{C_D Re}{24} \\[2mm] Re = \dfrac{\rho_l d_p |u_p - u|}{\mu_l} \\[2mm] C_D = a_1 + \dfrac{a_2}{Re} + \dfrac{a_3}{Re^2} \end{cases} \quad （5\text{-}26）$$

式中，F_z 为 z 方向的其他作用力，包括附加质量力、热泳力、布朗力和 Saffman 升力。

空蚀磨损过程中，选用 SINGHAL 等研究的完整空蚀模型，其气相体积比方程为[13]：

$$\frac{\partial}{\partial t}(\alpha_v) + \nabla \cdot (\alpha_v \boldsymbol{u}) = \frac{\rho_l}{\rho}\frac{\eta}{(1+\eta\varphi)^2}\frac{\mathrm{d}\varphi}{\mathrm{d}t} + \frac{\alpha_v \rho_v}{\rho}\frac{\mathrm{d}\rho_v}{\mathrm{d}t} \tag{5-27}$$

式中，ρ 为空泡（气）相和水流（液）相形成的混合流体密度；U 为混合流体的速度矢量；α_v 为混合流体中气相占的体积比例；ρ_l 为液相密度；η 为单位流体体积内空泡个数；φ 为单个空泡的体积；ρ_v 为气相密度。

5.2.2 数值分析几何模型与网格划分

为了研究水轮机叶片表面沙、水、气三相流交互磨损作用，模拟水轮机转轮工况，设计制造了试验转盘及相关系统，在交互磨损过程中，含沙水以一定速度从入口流入，经过 4 个喷嘴喷射到高速旋转的转盘（即模拟叶片）表面，转盘上预制有作为空蚀源的小孔，转盘系统内部维持一定的压力，在试验过程中存在固液气三相流体。试验系统的转盘空蚀源孔分度圆直径为 300 mm，空蚀孔径为 15 mm，喷嘴内径为 3 mm。交互磨损试验装置及试验转盘简图如图 5-2 所示。

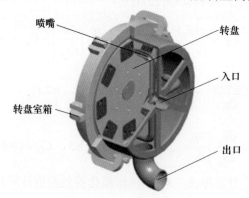

图 5-2　试验装置结构简图

利用 GAMBIT 软件对计算模型划分网格。数值分析研究的重点为转盘表面的磨损状况，故将此部分的网格模型进行加密处理，而其他部件的网格划分粗糙一点，能被求解器求解就行。根据结构将计算模型分为两个部分：第一，旋转的磨损转盘表面流体，即转动部分；第二，进口、出口、壁面等固定流体部分，整个网格如图 5-3 所示。

利用 Fluent6.3 导入网格文件，单位转换为 mm，对网格进行光滑、交换和适当细化，并检查网格质量，各部分的单元数和节点数见表 5-1。其中空蚀源孔半径为 15 mm 的转盘系统模型检查结果如下：

　　Maximum cell squish = 8.33432e–001；

　　Maximum cell skewness = 8.63664e–001；

　　Maximum 'aspect_ratio' = 2.25531e+001，满足计算要求。

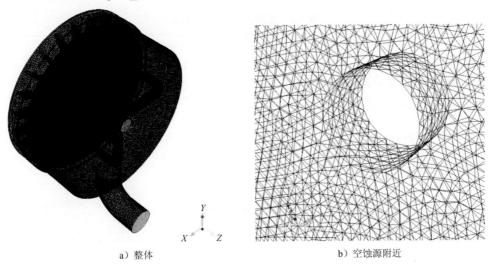

a）整体　　　　　　　　　　　　　　　b）空蚀源附近

图 5-3　转盘系统理论分析网格划分

表 5-1　网格模型节点数和单元数分布

区域	转动区域	固定区域	合计
单元数	895 602	1 329 182	2 224 784

5.2.3　数值分析参数设置

　　将 GAMBIT 划分的网格模型以 XX.mesh 文件格式导入到 Fluent 中，将模型转化为实际单位 mm，并对网格模型进行光顺处理后进行数值分析参数设计。数值分析参数包括：计算模型的选择、边界条件的设置、求解及离散格式的选择以及迭代计算与收敛。

　　（1）计算模型

　　采用欧拉—拉格朗日方法来描述气液固冲蚀与空蚀交互磨损的流动特性。欧拉-拉格朗日方法将流动承载介质作为连续相处理在欧拉坐标下描述，而将分散介质以离散相的形式在拉格朗日坐标体系下，运用颗粒轨道模型处理。在三相流模拟中，气液两相流动选用混合模型，沙粒以离散相的方式加入到计算中，同时打开气穴模型和冲蚀与沉淀模型精确模拟交互磨损过程；鉴于湍流已经完成发展，选用 $k\text{-}\varepsilon$ 两方程模型；采用随机轨道模型追踪沙粒的轨迹。各参数选用的原理及控制方法下面将详细介绍。

1）多相流模型

通用的多相流模型包括 VOF 模型（Volume of fluid model）混合模型（Mixture model）、欧拉模型（Eulerian model）。各模型的概述及局限性总结如表 5-2 所示。

表 5-2 通用多相流模型特征

模型	适用范围	主要局限	运用场合
VOF	适合于分层或表面自由流动	1. 只有一相可压缩 2. 只能使用分离求解模式 3. 控制容积必须充满流体	气液面分层流动
混合模型	相间混合程度大，耦合作用强烈	1. 只有一相可压缩 2. 不适用大涡紊流模型 3. 只能使用分离求解模式	旋风分离器
欧拉模型	多相分离流及相间相互作用	1. 不可压缩流动 2. 只能使用 k-ε 方程 3. 颗粒追踪只与主相相互作用 4. 求解复杂的多相流动, 求解受限制	颗粒流

综合三个多相流模型的优缺点，选择混合模型作为求解计算模型。混合模型是一个简化的多相流模型，它在满足计算功能的基础上能够最大限度地减少求解时间，节约了计算成本。在混合模型设置前，需要提前设置计算过程中材料的属性。FLUENT 里面默认的流体为气体，在材料库中调出水（water liquid）和水蒸气（water vapor）作为三相设置的预选材料。在混合模型设置中，水作为流动的承载体，设为主相；水蒸气设置为辅助相。在混合模型的设置中，开启气穴模型。气穴是在计算过程中由于压力变化，水中肉眼不可见气核成长后生成的，所以在计算开始时忽略空泡体积。在气液两相比例设置中，将水的体积设为 1，空泡体积分数设为 0。由于气穴模型要求主相不可压缩，所以在混合模型中，也要求将水作为主相，水蒸气设置为第二相。

2）k-ε 两方程模型

在气液固三相流动中，湍流已经完成发展，选择 k-ε 两方程高雷诺数湍流模型。当转盘在试验系统中高速旋转时，转盘表面流体的流动为湍流，流体的压力和速度随时间变化而变化，并且脉动性较强。

对于近壁区内的流动，湍流不是充分发展，黏性底层的影响占主体，流动可能处于层流状态，一般采用壁面函数法进行处理。标准 k-ε 模型比零方程模型和一方程模型有了很大改进，已经在工程运用中积累了丰富的经验。但由于标准 k-ε 建立在流体的各向同性假说基础上，所以对于强旋流、弯曲壁面或弯曲流线等湍流各向异性流动的数值模拟中会有失真。

3）离散相模型及参数设置

冲蚀与空蚀交互磨损计算过程中，沙粒以离散相的方式处理，这就综合考虑了气液固的三相耦合以及耦合作用对沙粒轨迹的影响。当计算颗粒的轨道时，Fluent 跟踪计算了颗粒沿轨道质量、动量的得到与损失，这些物理量可运用到随后的连续相计算中去。在考虑连续相影响离散相的同时，也可以考虑离散相对连续相的作用，交替求解离散相与连续相的控制方程，直到二者均收敛为止，这样就实现了双向耦合计算。

首先，相间耦合的设置。在 DPM 中设置连续相和离散相间的耦合，每计算 5 步连续相后，耦合计算 1 步沙粒离散相。沙粒轨迹采用非稳态计算方法，默认时间步长为 0.001 s，迭代步数设置为 10 000，即计算了沙粒喷射十秒内的沙粒轨迹。打开冲蚀模型，考虑沙粒对壁面的磨蚀作用。设置沙粒轨迹追踪的容差为 10^{-5}，在绝对坐标系下采用随机轨道模型来追踪沙粒的轨迹。

其次，喷射源的设置。第一，离散相材料设置。气液固三相流数值模拟中，离散相为沙粒，但是在 Fluent 材料库中没有沙粒的属性，所以需要创建离散相材料，沙粒的密度为 2 650 kg/m³。第二，离散相属性设置，沙粒随高速含沙水流由入口进入转盘室，选择面射流（surface），射流源为入口面；沙粒运动过程中服从力平衡，设置沙粒类型为惯性颗粒（inert）；不考虑相间滑移，沙粒的入射速度即为水流速度；沙粒直径为 0.2 mm；沙粒喷射试件为 10 s；沙粒质量流率为 0.031 g/s，对应试验中沙粒浓度为 1 kg/m³。第三，离散相边界条件设置，壁面边界条件为反弹（reflect），沙粒碰到壁面后反弹并发生动能转移，反弹系数采用多项式计算。进出口边界条件为逃逸（escape），沙粒离开了计算区域，并终止了轨道计算。内部交界面边界条件为（interior），沙粒在此处将穿越内部流动区域。

（2）边界条件

边界条件是 CFD 求解过程中最重要的参数，对于瞬态问题还有初始条件。流场的求解方式不同，对边界条件的处理方式也不一样。在 GAMBIT 模型中，定义好入口、出口以及壁面，然后在 Fluent 里面设置各边界条件数值。

1）定义旋转参考系（multiple reference frame，MRF）

对于一般问题整个计算区域可采用一个运动参考系，即单参考系方法（single reference frame，SRF）。对于比较复杂的几何模型或是旋转机械，单参考系无法满足计算要求，需要将模型分解为多个计算区域，各区域间采用定义好的分界面进行关联，需要运用旋转参考系（MRF）。在具体设置中，以 Z 轴为旋转中心，设置转动部分参考转速；转动部分与固定部分的交界面分成两个面，一个面随转盘一起运动，一个面固定在固定体上。

2）出口边界（outlet）

转盘旋转时在旋转中心会形成压力降甚至中空，从而产生压力梯度，为空化产生创造条件。为了使整个流动系统在计算过程中维持一定的压力,设置出口为压力出口。对于压力出口边界条件中的湍流选项设置,一般认为低强度湍流的湍流强度不大于1%,而高强度湍流强度将大于10%。在湍流计算设置 k-ε 两方程参数时,需要给定进口边界上 k 和 ε 的估算值。目前没有这两个参数理论值的精确计算公式,只能通过试验得到。借鉴相似算例,选择湍流强度和水力直径设置:湍流强度设置为10%的湍动量,水力直径为出口管道直径65 mm。

3)入口边界(inlet)

含沙水以一定的冲蚀速度由入口进入转盘室,冲击到磨损转盘,理论上设置的入口条件为速度入口。但是考虑到出口为压力出口,并且保证计算过程的稳定性,在设置中将速度入口转化为压力入口。设置方法为:压力和速度的转换过程中动能与压能守恒,在初始化中选择从入口开始初始化,然后软件会自动计算出对应入口的流速,经过调试后,得出入口速度对应的总压。压力出口的湍流设置同样选择湍流强度和水力直径:湍流强度设置为10%的湍动量,水力直径为入口管道直径34 mm。

4)壁面条件(wall)

计算的固壁上使用无滑移条件,近壁区采用壁面函数法处理,沙粒对壁面的撞击设置为多项式回弹,同时考虑沙粒对壁面的磨蚀。

(3)求解模式

Fluent 里面求解器的设置包括求解算法、离散格式、初始化、收敛监控、迭代求解等,各参数的设置如下:

1)求解算法

采用 SIMPLE 算法实现速度和压力之间的耦合。SIMPLE 算法是 Fluent 中最基本的迭代求解方法,比它较高级的有 SIMPLEC,但是 SIMPLEC 算法对于包含湍流或附加物理模型复杂流动的求解过程不稳定。在交互磨损数值计算中两种算法的收敛情况大致相同,但是 SIMPLE 算法能够节省计算时间,故选用 SIMPLE 算法。

2)离散格式

根据对流相的各变量的特性设置离散方式,对每一个控制方程都给出了最合适的离散方式。对于空泡体积、湍动能、湍耗散等计算稳定性相对较差的变量,采用一阶迎风格式离散。压力选用 PRESTO!离散方式,它适用于具有高涡流数,高速旋转流动,包含多孔介质的流动和高度扭曲区域的流动。密度、动量的离散采用二阶迎风模式,它具有二阶计算精度,离散方程不仅包含相邻节点的流场变量,还包括相邻节点旁边其他节点的流场变量。

3)设定亚松弛因子

交互磨损计算选择分离求解器,所有方程都有相关的亚松弛因子。采用默认的松弛因子计算时，迭代会出现不稳定甚至发散。在调试中选择降低松弛因子，将压力方程、动量方程的松弛因子降为 0.01；将气相体积方程、湍动能方程、湍耗散方程的松弛因子降为 0.1；离散相沙粒的松弛因子降为 0.5。计算发现这样的设置可以很好地提高收敛精度。

4）初始化

Fluent 对流场求解之前，需要给流场提供初始值，并且初始值对解的收敛性有重要影响。选择从进口（inlet）初始化，即将进口的边界条件作为初始值来迭代计算整个流场的变量值。

5）收敛监视

在交互磨损计算模型中，包含连续方程、x、y、z 方向速度方程、k 方程、ε 方程以及气泡相方程。设置各个变量的收敛误差均为千分之一。

6）流场求解

收敛所需迭代步数与计算模型的复杂程度、网格质量和计算方法关系密切。交互磨损模型复杂，包含的计算网格超过 200 万个，计算收敛比较困难。根据反复摸索，迭代计算步数设置为 4 000 步。

（4）稳定性与收敛判据

1）稳定性

多相流动的求解过程非常不稳定，并且很难得到收敛解。在参数设置中首先采用较小的时间步长进行初始计算，其步长时间设置为特征流动时间的十分之一以下。当计算初步稳定后逐渐增加时间步长以提高计算速度。

2）收敛判据

Fluent 中一般收敛判断的方法有四种：第一，观察点处的值不再随计算步骤的增加而变化；第二，各个参数的残差随计算步数的增加而降低，最后趋于平缓；第三，残差值已经低于 Fluent 软件中的默认收敛值；第四，计算结果满足质量守恒或者能量守恒。在迭代计算中，即使满足了前三个判据，也不代表得到了收敛解。这是因为在迭代计算中已经降低了松弛因子，各变量每一步计算的变化都较小，这也会使前三个判据得到满足，这种情况下就需要考察剩下的判据。对于迭代步数很大，但计算达不到默认收敛值时，第四个判据往往成了判断收敛的关键依据。在交互磨损三相流场计算过程中，计算结果很难达到默认收敛值，故选择第四种判断依据。在交互磨损计算过程中，迭代达到 4 000 步后，一般情况下连续方程、k 方程、ε 方程不会达到默认的收敛值，但是此时进出口流量基本实现平衡，近似认为迭代已经完成。

5.2.4 数值分析结果

计算完成后，通过 Fluent 自带的后处理器分析模拟结果。图 5-4 是在压力为

0.075 MPa，冲蚀角为 30°，冲蚀速度为 40 m/s，喷嘴沙粒密度流率为 1 g/s 下交互磨损计算完成后的流场分布。图 5-4a、图 5-4b 分别为磨损转盘表面总压和气相体积比分布等值线图；图 5-4c 至图 5-4e 分别为空蚀源孔附近表面总压、气相体积比分布和两者叠加等值线图，不同颜色表示不同的压力数值或气相体积比。

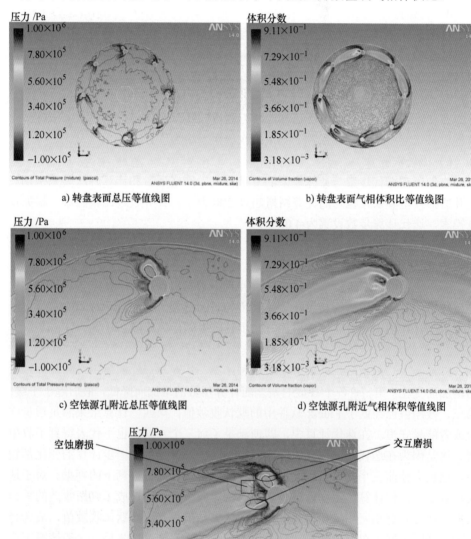

a) 转盘表面总压等值线图　　　　　b) 转盘表面气相体积比等值线图

c) 空蚀源孔附近总压等值线图　　　　d) 空蚀源孔附近气相体积等值线图

e) 空蚀源孔附近总压与气相体积分布叠加图

图 5-4　交互磨损流场分布

高速含沙水流对磨损转盘有冲蚀磨损；同时从空蚀源孔析出的空泡，在高压梯度下溃灭对转盘有空蚀磨损；冲蚀与空蚀共同作用在空化源孔后方产生交互磨损。交互磨损流场总压以及气相体积分布都集中在空蚀源孔附近，以空蚀源为中心沿水流方向总压等值线成鱼尾状分布，气相体积成彗星尾巴状分布，如图 5-4a、图 5-4b。由图 5-4c 可见，压力分布主要沿水流方向，在空蚀源孔附近成夹角分布，越靠近空蚀源孔，等值线越密，说明转盘表面压力梯度最大的地方集中在空蚀源孔附近，最大溃灭压力可以达到 10^7 Pa。图 5-4d 可以看出，气相体积比分布也被分成空蚀源孔两边，并且区域变得狭长，沿水流方向成彗星状分布。图 5-4e 为图 5-4c、图 5-4d 的叠加图，如图所示空泡以及压力梯度最大的地方在空蚀源孔上下两侧，沿水流方向成鱼尾状分布。交互磨损因高压区域变窄，压力值增大，压力梯度变大和空泡区间变窄长，其位置主要分布在压力梯度较高且有高气相比的空蚀源孔附近[14]。

图 5-5 为交互磨损流场中离散相沙粒的流线，图中坐标 5.45×10^5 是表示流场中沙粒的个数，共追踪到了 24 万 5 千个沙粒的运动轨迹。从图中可以看出沙粒分布主要集中在磨损转盘表面，随转盘一起运动，在此过程中沙粒直接划过材料表面造成严重的切削磨损。同时由于沙粒和水流之间的密度不同，沙粒在运动过程中会滞后于水流的运动，从而造成局部流场的紊乱增加含沙水流的动能，进一步破坏材料的结构。

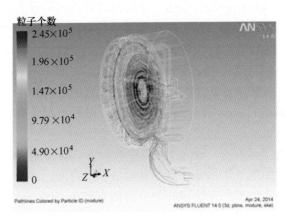

图 5-5　离散相沙粒流线

图 5-6 为交互磨损流场中磨损转盘表面离散相沙粒的浓度分布，从图中可以看出转盘表面沙粒的浓度达到了 8.11 kg/m³。并且在转盘上空化源孔所在分度圆上沙粒的浓度非常稀疏；越靠近空蚀源孔，沙粒浓度越小。由图 5-4d 可知，空蚀源孔析出的空泡挤占了含沙水流的位置，导致了沙粒在空蚀源孔后方的浓度降低。

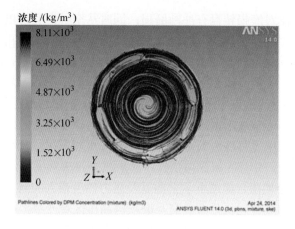

图 5-6　磨损转盘表面沙粒浓度

5.3　交互磨损试验

5.3.1　试验设计与试件规格

　　交互磨损既要考虑含沙水流的冲蚀作用又要考虑空泡溃灭对力学冲击，还要考虑冲蚀磨损与空蚀磨损的联合作用。在转盘式磨损试验台上面，含沙水流从喷射箱盖上均布的四只内径为 3 mm 的喷嘴直接射向转盘，从而产生冲蚀作用。压力梯度发生改变，才能使空泡发生溃灭，从而产生空蚀作用。确定转盘室压力为定值，通过变频电动机拖动转盘旋转，水流在离心力的作用下，在转盘的径向压力发生线性变化，旋转中心的压力达到最低。转盘的径向产生了压力梯度，从而空化发生。压力梯度的大小与转盘转速成正比。冲蚀磨损与空化现象同时发生，两者相互作用造成过流部件的交互磨损。

　　参照水轮机的实际工况，设置了交互磨损转盘，转盘的材料为普通的 45 钢，其具体结果和尺寸如图 5-7 所示。磨损转盘分正、背面，各均布着八块表面粗糙度为 3.2 μm 的试件，其中空蚀源孔的分度圆直径为 300 mm，空蚀源孔直径为 15 mm 的通孔。

5.3.2　交互磨损试验设计

　　试验水流为普通地下水，加入直径为 0.2 mm 的湘江沙。试验过程中每小时测量一次水温，控制冷却系统流量，保证设备工作环境温度在 50 ℃以下。

　　在试验设计中确定了牵引速度以及冲蚀角后，相对速度以及绝对速度由式（2-4）、式（2-5）计算出来。牵引速度与转盘转速、相对速度与流量都存在特定

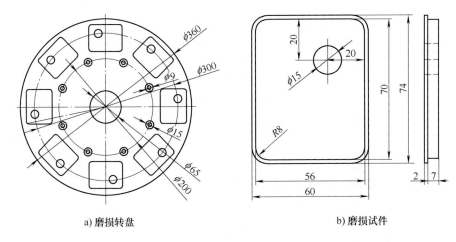

a) 磨损转盘　　　　　　　　　　b) 磨损试件

图 5-7　冲蚀与空蚀磨损转盘与磨损试件

关系：转速与牵引速度成正比；固定转速，流量与冲蚀角成正比。故在正交分析表中选择转盘转速、流量和流场压力为三个试验因素，分别用 A、B、C 表示，1、2、3 分别代表各因素的水平数。选取 L9(3×4) 正交试验表设计了试验方案，如表 5-3 所示。

表 5-3　交互磨损试验设计方案

	转速/（r/min）	流量（%）	压力/MPa
1	2 547（A1）	38（B1）	0.15（C3）
2	2 547（A1）	34（B2）	0.05（C1）
3	2 547（A1）	29（B3）	0.10（C2）
4	2 228（A2）	38（B1）	0.05（C1）
5	2 228（A2）	34（B2）	0.10（C2）
6	2 228（A2）	29（B3）	0.15（C3）
7	1 910（Q235）	38（B1）	0.10（C2）
8	1 910（Q235）	34（B2）	0.15（C3）
9	1 910（Q235）	29（B3）	0.05（C1）

（1）材料的影响

选取水轮机制造常用材料 Q235、45 钢、40Cr 三种塑性材料以及 HT200 一种脆性材料进行冲蚀与空蚀交互磨损试验，每种材料两个试件，并且为了尽可能减小转盘旋转的偏心作用，同种材料相对安装。其中 40Cr、45 钢常作为水轮机转轴类零件的生产材料；Q235 常作为叶轮生产材料；HT200 常作为泵体铸造材料。各材料的物理性能如表 5-4 所示。

表 5-4　试验材料的力学性能

材料	抗拉强度 R_m/MPa	屈服强度 σ_s/MPa	硬度 HB	延伸率 δ_5（%）	金相组织
Q235	≥500	≥235	120～165	≥20	珠光体
45 钢	≥600	≥355	170～220	≥10	珠光体
HT200	≥220	≥150	170～240		珠光体
40Cr	≥635	≥440	229～269	≥10	索氏体

（2）交互磨损时间的影响

材料的磨损量随冲蚀时间的增大而增大，不过在磨损的各个阶段，磨损量不完全相同。设置试验时间为 16 h，每隔 2 h 停机，将交互磨损试件取下，用水冲洗干净并且擦干后称重。研究试件材料在不同时刻的磨损量变化规律。

（3）沙粒浓度的影响

含沙水流的沙粒浓度对冲蚀磨损有重要影响。设置沙粒的浓度流率依次为 31 g/s、62 g/s、93 g/s、124 g/s。

（4）流场压力

流场压力的变化直接关系着水中气泡的含量，流场压力与空蚀磨损程度密切相关。固定其他的流场参数不变：设置变频电动机的转速为 2 547 r/min，相对速度为 19.35 m/s，沙粒的浓度为 1.29 kg/m³；沙粒的直径为 0.2 mm。流场压力分别为：0 MPa、0.025 MPa、0.050 MPa、0.075 MPa 和 0.1 MPa。

（5）冲蚀角

冲蚀角由转盘转速和含沙水流相对速度决定，固定其他的流场参数不变：设置流场压力为 0.1 MPa，沙粒的浓度为 1.29 kg/m³；沙粒的直径为 0.2 mm；在转盘转速为 2 547 r/min、2 228 r/min、1 910 r/min 下，调节电磁流量阀开度，调整冲蚀角大小，计算所得冲蚀角参数可取：21.61°、26.31°、30.32°、33.62°和 37.94°。适当修整参数，取冲蚀角参数为：22°、26°、30°、34°和 38°。

（6）冲蚀速度

冲蚀速度是决定交互磨损破坏程度的重要因素。由试验装置的参数设计可知，水流速度 V_U，牵引速度（转盘转速）V_V，冲蚀角 α，三者之间的关系是 $V_W = V_V/\cos\alpha$。在冲蚀角 α 不变的情况下，冲蚀速度 V_W 可以用转盘转速 V 来表示。固定其他的流场参数不变：设置流场压力为 0.1 MPa，沙粒的浓度为 1.29 kg/m³；沙粒的直径为 0.2 mm。设置转盘转速分别为 2 547 r/min、2 228 r/min、1 910 r/min，对应的牵引速度依次为 40 m/s、35 m/s、30 m/s。

（7）空蚀源参数的影响

空蚀源参数包括空蚀源孔径和空蚀源间距。空蚀源对含沙水流中空泡的形成和分布有重要影响。设置空蚀源孔径依次为 5.0 mm、7.5 mm、10.0 mm、12.5 mm、

15.0 mm、17.5 mm。空蚀源间距的设置为在相同大小的转盘依次预设 6 孔、8 孔、16 孔、18 孔。孔数越多孔距越小。

根据试验参数结合转盘式磨损试验台的自身参数，设计出试验参数如表 5-5 所示。

表 5-5　试验设计参数

组数	电动机转速 /（r/min）	牵引速度 /（m/s）	流量读数 （%）	流量 /（m³/h）	相对速度 /（m/s）	绝对速度 /（m/s）	冲蚀角 /（°）	压力 /MPa
1	2 547	39.98	38	2.66	26.15	47.79	33.16	0.15
2	2 547	39.98	34	2.38	23.39	46.34	30.32	0.05
3	2 547	39.98	29	2.03	19.95	44.70	26.31	0.10
4	2 228	34.97	38	2.66	26.14	43.68	36.75	0.05
5	2 228	34.97	34	2.38	23.39	42.10	33.75	0.10
6	2 228	34.97	29	2.03	19.95	40.29	29.68	0.15
7	1 910	29.98	38	2.66	26.14	39.79	21.61	0.10
8	1 910	29.98	34	2.38	23.39	38.04	37.94	0.15
9	1 910	29.98	29	2.03	19.95	36.03	33.62	0.05

5.3.3　交互磨损试验结果

（1）不同材料的交互磨损量

交互磨损试验共 16 h，不同材料交互磨损失重结果如表 5-6 所示；9 组试验试件随时间变化的试验结果分析如下。失重分析可以看出 40Cr 具有良好的抗磨性能；45 钢和 Q235 钢大多数情况下具有相似的磨损性能，原因是此两种材料具有硬度适中、塑性较好等相似的特性；脆性材料 HT200 因延展性能较弱，在交互磨损作用下材料成块剥落，磨损较大。

表 5-6　试验材料磨损量（g）

材料	1	2	3	4	5	6	7	8	9
Q235	1.354 1	2.141 4	2.176 0	2.456 2	0.668 0	1.144 3	1.881 2	1.652 5	1.188 8
45 钢	1.136 9	1.701 6	2.170 6	2.402 6	0.508 3	1.131 0	1.611 0	1.364 8	1.164 9
HT200	1.646 4	2.167 2	2.181 7	3.380 0	0.914 7	1.467 7	1.924 0	1.819 6	2.400 2
40Cr	1.017 3	1.510 5	1.421 9	2.053 8	0.527 3	1.171 4	1.536 2	1.153 4	0.973 9

（2）交互磨损试验结果正交分析

利用正交试验原理分析试验结果，表 5-7 为某一个 40Cr 试件的九组试验数据的正交分析结果。表中，Y 为单个影响因素的数据和；y 为单个影响因素的数据和

/水平数；权重 $R=\max\{y1，y2，y3\}-\min\{y1，y2，y3\}$。

表 5-7   40Cr 试件失重正交分析

40Cr-2	流量（%）	压力	B×C	转速	A×C	B×A	试验结果
1	38	0.15	1	2 547	1	1	0.583 9
2	34	0.05	2	2 547	2	1	0.864 4
3	29	0.10	3	2 547	3	1	1.201 0
4	38	0.05	3	2 228	1	2	1.326 7
5	34	0.10	2	2 228	2	2	0.296 6
6	29	0.15	1	2 228	3	2	0.395 2
7	38	0.10	2	1 910	1	3	0.769 2
8	34	0.15	3	1 910	2	3	0.510 1
9	29	0.05	1	1 910	3	3	0.421 0
Y1	2.679 8	1.489 2		2.649 3			
Y2	1.671 1	2.612 1		2.018 5			
Y3	2.017 2	2.266 8		1.700 3			
y1	0.893 3	0.496 4		0.883 1			
y2	0.557 0	0.870 7		0.672 8			
y3	0.672 4	0.755 6		0.566 8			
R	0.336 2	0.374 3		0.316 3			
最优水平	B1>B3>B2	C2>C3>c1		A1>A2>Q235			
主次因素				CBA			
最优搭配				C2B1A1			

从表 5-7 中可以看出影响此组 40Cr 材料交互磨损失重的主次因素依次为流场压力、流量、转速。流场压力和流量的影响权重相差不大，分别为 0.374 3、0.336 2；影响权重最小的为转速，其 R 值为 0.316 3。就单因素而言，随着流场压力的增大，40Cr 材料的失重先增大后减小，成抛物线变化；随着转速的增大，40Cr 材料的失重成单调递增趋势。

同理 Q235、45 钢、HT200 材料试验数据的正交分析结果见表 5-8 为各材料的正交分析结果。从表中可知影响 Q235、45 钢、HT200 三种材料交互磨损失重的主次因素也依次为流场压力、流量、转速。单因素之间的影响规律也与 40Cr 材料大致相同，但是转速的影响对各材料不尽相同，通常都是正比例关系。分析试验数据可知，表征转速对交互磨损影响的 R 值相对于流场压力和流量的 R 值较小，所以认为在交互试验中，压力和流量对磨损结果干扰了转速对试验结果的影响。

表 5-8　45 钢、HT200、40Cr 材料正交试验结果

	45 钢			HT200			Q235		
权重	0.525 3	0.545 5	0.322 4	0.683 0	1.004 6	0.127 1	0.400 9	0.545 2	0.467 7
最优水平	B1>B3 >B2	C2>C3 >C1	A1>Q235 >A2	B1>B3 >B2	C2>C3 >C1	Q235>A1 >A2	B1>B3 >B2	C2>C3 >C1	A1>Q235 >A2
主次因素	CBA			CBA			CBA		
最优搭配	C2B1A1			C2B1Q235			C2B1A1		

（3）交互作用试件磨损形貌

图 5-8 是流场压力为 0.075 MPa，冲蚀角为 30°，冲蚀速度为 40 m/s，沙粒浓度为 1.29 kg/m^3 时交互磨损试验 16 h 后试件照片。从图 5-8a 可知，空蚀源孔所在的分度圆上形成了整圈交互磨损磨痕；四种材料的主要磨损区域集中在空蚀孔后方，由含沙水流磨蚀而成；磨痕从空蚀源孔开始沿水流方向由深到浅，反映了高速含沙水流扫略过试件表面的过程[15]。磨损试件材料不同，磨痕也不尽相同，由图 5-8 可知对于塑性较好的材料，如 Q235、45 钢，其主要失效形式是含沙水流的冲刷，固试件表面被磨蚀的比较光滑，并且沙粒在材料表面的磨损轨迹比较清晰，

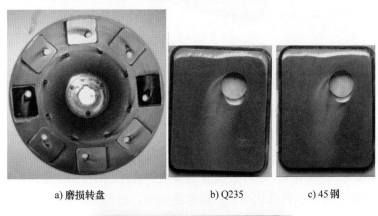

a) 磨损转盘　　　　　　b) Q235　　　　　　c) 45 钢

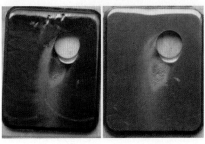

d) HT200　　　　　　e) 40Cr

图 5-8　试验后的转盘和试件

可以看到完整的沙粒从试件表面扫掠过的痕迹。而像脆性材料 HT200 以及硬度较大的塑性材料 40Cr，试件表面就形成了鱼鳞状的蚀坑，磨损比较严重，这是典型由疲劳失效引起的材料成块剥落的空蚀磨损特征。此外在空蚀孔上下两侧沿水流方向形成了两条"深沟"；其具体形成原因将在之后的章节阐述。

对比数值分析与试验结果（图 5-9）可知，交互磨损主要发生区域集中在空蚀源孔附近，沿水流方向成抛物线分布；并且磨损最严重的区域集中在压力梯度较大的空蚀源孔两侧以及正后方。试验结果和数值分析结果吻合得很好，证明数值分析以及试验结果的可信度较高。

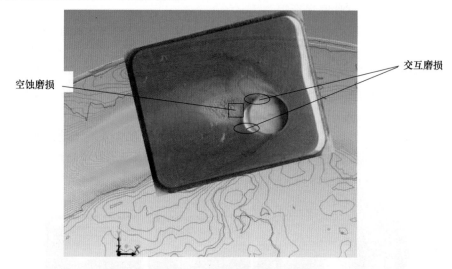

图 5-9　试验结果与数值分析结果比较

应用扫描电镜观察交互磨损试验 24 h 后的 45 钢和 40Cr 试件表面形貌，并对照片放大 1 000 倍进行分析。图 5-10a 为 45 钢钢试件交互磨损试验 16 h 后的表面形貌 SEM 照片，由图可知，试样表面有鱼鳞状的唇片，和与水流方向一致的犁沟，表面变得粗糙并有许多针孔状小孔；针孔连接后，材料大块剥落形成蚀坑。蚀坑中夹杂着许多白色的圆形颗粒，材料的表层和亚表层已被磨损。材料的失效形式以微切削、剥落和犁沟为主。

图 5-10b 为 40Cr 交互磨损试验 16 h 后的表面形貌 SEM 照片，表面也有短程犁沟、鱼鳞状的唇片、微裂纹和小凹坑。在含沙水流的反复冲击挤压下，材料表面产生塑性变形，并经多次的辗压而形成片状变形层，在层的边缘开裂、翻边，形成凹坑及凸起的唇片，继而裂纹扩展连接形成磨屑。产生料许多白色的圆形颗粒，很多的小凹坑中都存在白色颗粒，这是因为在交互磨损过程中，当液体的压力低于其气化压力时形成气泡，在转轮的带动下，当液体压力超过其汽化压力时，在试样表面附近溃灭，将产生极大的冲击力和瞬时高温，从而使得材料与水发生

氧化反应，生成氧化铁，40Cr 试件的表面形貌磨损形式也是以微切削、犁削和剥落为主，但其磨损比 45 钢轻微，这表明 40Cr 抗交互磨损的性能高于 45 钢。

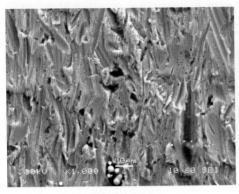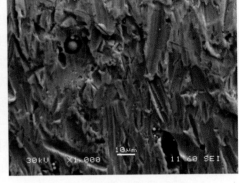

a) 45 钢 SEM(×1 000)　　　　　　　　　　b) 40Cr SEM （×1 000)

图 5-10　材料的交互磨损 SEM

图 5-10 的试件表面有短程犁沟、鱼鳞状的唇片、微裂纹和小凹坑，并且冲蚀沟槽呈现明显的规律性，即主要沿试件线速度矢量的方向，但也存在一些与试件线速度成一定夹角的摩擦痕迹或沟槽。在空蚀源孔附近产生的局部绕流条件下，试件同时发生冲蚀和空蚀磨损，45 钢和 40Cr 试样表面的空蚀坑有一定的规律性，即均沿水流速度方向。这些现象表明交互磨损的效果不仅与转盘速度有关，还与沙粒运动、水流方向及冲蚀角度等有关。综上所述，45 钢和 40Cr 材料的磨损表面形貌由冲蚀沟槽和空蚀坑及鱼鳞状空蚀坑组成，表现为三相流作用下的交互磨损。

5.4　交互磨损的主要影响因素分析

5.4.1　材料的影响

（1）失重分析

在相同的磨损条件下，材料的力学性能和金属的金相组织以及材料的表面处理工艺决定着材料的抗交互磨损能力。由表 5-4 可知，抗交互磨损效果最好的材料为 40Cr，其次为 45 钢、Q235、HT200。在交互磨损下，塑性材料的磨损量主要是沙粒对材料微切削作用的结果。当其他磨损因素相同时，在交互磨损下试件的磨损量与材料硬度成反比，材料的耐磨性与材料硬度成正比。当沙粒的能量一定时，塑性材料中硬度较高者，沙粒切入材料的深度较浅，切削的距离越短，所以随着硬度的上升，塑性材料的耐磨性能越高。这与材料在冲蚀磨损下的磨损规律相同。

对于脆性材料，试验证明部分硬度极高的脆性材料，其磨损量比硬度较小的塑性材料磨损量更大。整体而言，材料的硬度越高，脆性越大。材料硬度越高，越容易阻碍沙粒的微切削作用，但随着脆性增大，材料更易产生疲劳裂纹。在沙粒和空泡溃灭的反复冲击下，裂纹扩展甚至连接，使得材料剥落成体积较大的碎块，所以其耐磨性能不高。一般，对脆性材料而言，硬度较高时，耐磨性较高，但与相同硬度的塑性材料相比，其耐磨性较差。

综上所述：塑性材料的失效形式表现为沙粒微切削磨损。脆性材料失效形式表现为空泡和沙粒的冲击引起的疲劳剥落。材料的脆性成分的增加将使材料的磨损特性比韧性材料磨损情况更为复杂。一般，材料硬度较高时，抗磨性可能高一些。但脆性材料与相同硬度的典型韧性材料相比，其抗磨性较低。所以具有较大硬度而较小脆性的材料将有利于抵抗交互磨损[16-17]。

（2）磨痕演变规律

图 5-11 是四种金属材料在交互磨损下的磨损形貌，从图中可以看出四种材料的主要磨损区域都集中在空蚀孔后方，被含沙水流磨蚀而成，磨痕沿空蚀孔由浅入深，反映了高速含沙水流扫略过试件表面的过程。试件在空蚀孔附近磨损最严重，空泡在空蚀源孔形成后马上向高压区扩散，在压力梯度较大的地方被水流压溃，从而形成大的压力冲击和瞬时高温，对材料造成破坏。同时沙粒从空蚀孔穿过时由于水流的影响对材料有磨蚀作用。在图 5-11a 中 a 处，材料的损失主要是空蚀磨损为主；而在图 5-11a 中 b 处，主要是由沙粒的磨蚀造成的。冲蚀磨损与空蚀磨损共同作用，加速了材料的流失。

a) Q235　　　　b) 45 钢　　　　c) HT200　　　　d) 40Cr

图 5-11　四种试件的交互磨损照片

（3）试件的微观形貌

图 5-12 为四种试件材料在交互磨损下的 SEM 照片。图 5-12a 和 5-12b 试件表层有犁沟状磨痕，磨痕比较深，方向比较整齐。高速含沙水流以一定的角度扫略

过试件，沙粒对试件的微切削作用在材料表层留下了犁沟状磨痕。并且试件表层分布有夹杂着白色颗粒的蚀坑，经过能谱分析，白色颗粒是氧化铁结晶体，这是由空泡溃灭产生的瞬时高温将材料氧化所致。图 5-12c 是 40Cr 的磨蚀表面，从图中可以看出其形成的磨痕相对较浅，且磨痕的方向比较凌乱；40Cr 的硬度非常大，材料的延伸性较小，从而阻碍了沙粒的微切削距离，并且空泡溃灭过程扰乱了水流的流向，从而使得磨痕的方向比较凌乱。

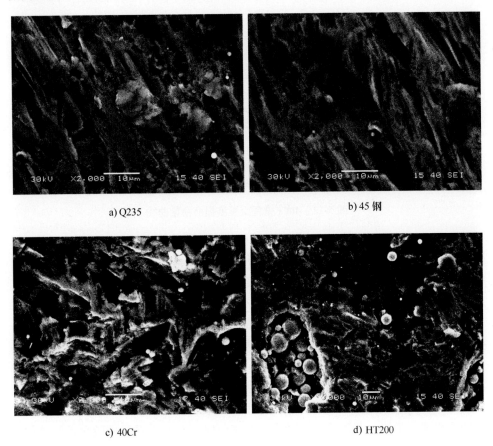

a) Q235

b) 45 钢

c) 40Cr

d) HT200

图 5-12　交互磨损下不同材料的 SEM 照片（×2 000）

图 5-12d 为 HT200 的磨蚀形貌，从图可知在试件表面形成了非常大的蚀坑，材料表层被破坏的相当严重，部分已经延伸到了亚表层，且布满了夹杂着白色氧化铁结晶体空蚀坑，表现出空蚀磨损的特征。HT200 是典型的脆性材料，并且其硬度较低，空泡溃灭的冲击强度很容易达到其疲劳强度，在空泡溃灭和沙粒的反复冲击下材料产生裂纹，裂纹扩张甚至连接，产生块状剥落，才形成了这特殊的形貌。综上分析也可以看出四种金属材料的是失重量大小关系为：HT200>Q235>

45 钢>40Cr。

5.4.2 时间的影响

材料表面沙粒的冲击数目决定的材料的磨损量，所以材料的磨损量与冲蚀时间成正比关系。试验中所得 40Cr 试件的交互磨损磨损量与时间的关系曲线如图5-13 所示。

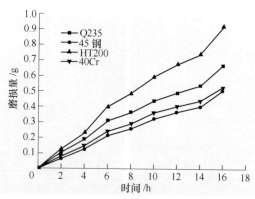

图 5-13　40Cr 试件交互磨损磨损量曲线

从图 5-13 可以看出：交互磨损下材料的磨损量随着磨损时间的增加而增加，随着磨损时间的延长，其磨损量明显加大，曲线陡斜。材料的交互磨损磨损量曲线一般分为孕育期、上升期、稳定期和衰减期。从 0 至 4 h，是因为试件处于交互磨损的孕育期中，含沙水流对材料的破坏还只停留于造成材料的塑性变形破坏材料表面得平整度，还未造成大规模的裂纹和疲劳剥落，材料的磨损比较平稳。从4 h 至 6 h 交互磨损上升期中。在这个时期空泡的空蚀作用对材料的表面造成反复变形，形成疲劳裂纹甚至产生空化蚀坑。表面流动条件恶化后，造成水流的局部漩涡，加强了沙粒的冲蚀磨损动能；并且在空蚀破坏的基础上，沙粒的冲蚀磨损作用更容易发生，对材料进行微切削作用，造成材料的块状剥落。在这个阶段材料的磨损速度最快，表现为斜率较大；从 6～14 h 材料的磨损率较平稳都在稳定期中，材料的空蚀磨损率基本不变。14 h 之后材料处于衰减期，材料磨损量急剧增加。

在试验模拟中水流都是循环流动沙粒的形状会发生改变，最后趋近于球形，从而减弱沙粒对材料的切削作用。在交互磨损中材料的磨损量与磨损时间的关系成正比例上升，在计算中可以加上修正系数：

$$M \rightarrow CT$$

（5-28）

式中，M 为材料磨损量；T 为时间；C 为修正系数。

5.4.3　沙粒浓度的影响

　　水中含沙量决定着单位时间内沙粒与磨损转盘的碰撞次数，显而易见，在一定含沙量范围内，含沙量越大转盘的磨损越强。但在实际工况中，水流中含沙量较大时，沙粒间的相互碰撞机会增大，从而，有效撞击磨损转盘使其沙粒百分比下降，转盘的材料损失量减小。更有甚者，在沙粒浓度更大时，流场被沙粒所占据，虽然沙粒浓度较大，但仅有很少的一层沙粒与边壁接触，对壁面造成磨损，这种现象称为沙粒的自身屏蔽作用。综合考虑沙粒的冲蚀与空泡溃灭冲击的影响，在沙粒浓度还不足以产生屏蔽作用下研究沙粒浓度对磨损转盘的磨蚀作用。

　　图 5-14～5-17 为含沙量分别在 31g/s、62 g/s、93 g/s、124 g/s 下流场的分布情况。交互磨损破坏作用随着含沙量的增加成正比，含沙量越大交互磨损破坏作用越强。

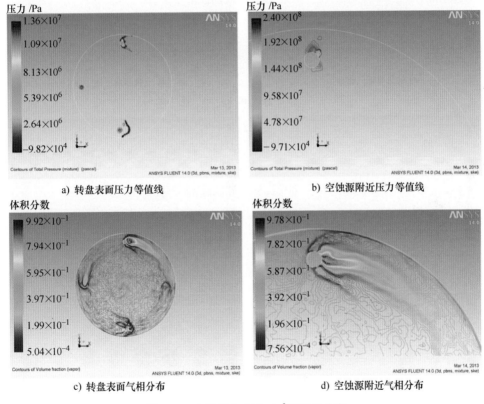

a) 转盘表面压力等值线　　　　　　　　b) 空蚀源附近压力等值线

c) 转盘表面气相分布　　　　　　　　d) 空蚀源附近气相分布

图 5-14　含沙量为 31 kg/m³ 下流场分布

　　含沙量的变化对空泡密度和空泡分布及空泡溃灭冲击压力无明显影响，如图 5-18 所示，在其他相同磨损条件下，交互磨损流场的分布趋势大致相同。

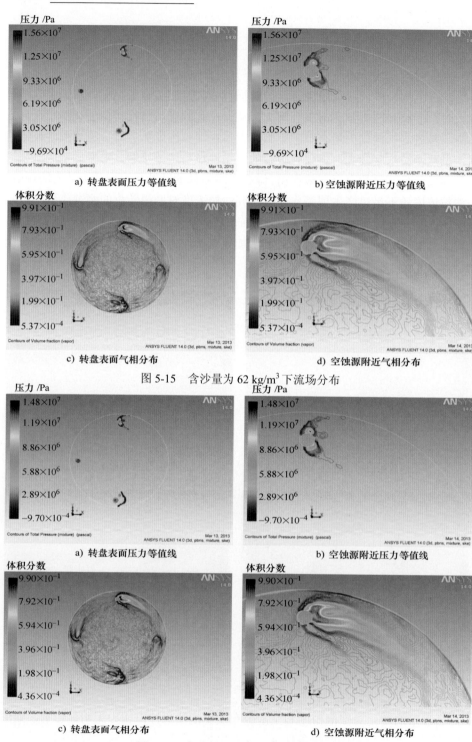

a) 转盘表面压力等值线　　　　b) 空蚀源附近压力等值线

c) 转盘表面气相分布　　　　d) 空蚀源附近气相分布

图 5-15　含沙量为 62 kg/m³ 下流场分布

a) 转盘表面压力等值线　　　　b) 空蚀源附近压力等值线

c) 转盘表面气相分布　　　　d) 空蚀源附近气相分布

图 5-16　含沙量为 93 kg/m³ 下流场分布

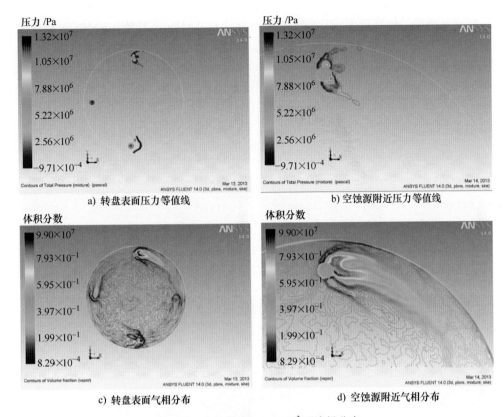

a) 转盘表面压力等值线　　　　　　b) 空蚀源附近压力等值线

c) 转盘表面气相分布　　　　　　d) 空蚀源附近气相分布

图 5-17　含沙量为 124 kg/m³ 下流场分布

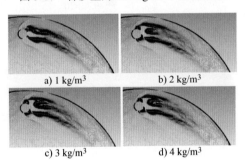

a) 1 kg/m³　　　　　　b) 2 kg/m³

c) 3 kg/m³　　　　　　d) 4 kg/m³

图 5-18　不同含沙量下的压力等值线和气相分布叠加图

5.4.4　流场压力的影响

流场压力的存在促使流场形成压力梯度，加速空泡的溃灭。并且保持流场中一定的压力，会增大流体的黏性阻力，对空泡和沙粒的运动都有影响。

（1）数值分析

通过分析交互磨损流场的总压等值线、气相体积比等值线和沙粒的浓度分布研究交互磨损的破坏程度。图 5-19 是流场压力从 0 MPa 上升到 0.1 MPa 过程中流场的总压等值线分布，不同颜色代表不同压力数值，且等值线越密集，流场压力梯度越大。

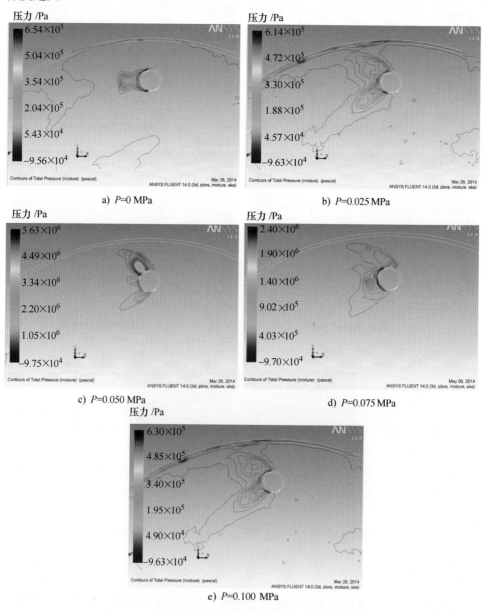

图 5-19　不同流场压力下空化源孔附近总压等值线图

当流场压力为 0 MPa 时，三相流场中难以形成压力梯度，空化发展的条件不足，总压等值线分布紧贴着空蚀源孔，磨损破坏程度及区域有限，如图 5-19a 所示。流场压力从 0.025 MPa 增大到 0.05 MPa 过程中，流场的最大冲击压力从 6.54×10^5 Pa 上升到 5.63×10^6 Pa；并且等值线从稀疏到密集，压力梯度持续增大，如图 5-19b、图 5-19c 所示。特别是流场压力在 0.05 MPa 时，流场总压等值线在空蚀源孔的左前方形成了"蜂窝"，此处流场压强梯度达到最大，空泡形成后扩散到此集中溃灭，形成大的微射流冲击。

当流场压力进一步升高到 0.1MPa 时，交互磨损流场的最大冲击压力下降到 6.3×10^5 Pa，总压等值线分布也变得稀疏，压力梯度变小，空泡的破坏作用减弱，如图 5-19d、图 5-19e 所示。在整个的流场压力变化过程中，流场总压先增大后减小，在 0.05 MPa 达到最大值；且局部最大冲击压力可达到 10^7 Pa，这种冲击作用在流场中持续存在[18-19]。

空泡数目越多，空蚀破坏强度越大；同时空泡的存在对溃灭冲击有缓冲作用，反而减弱交互磨损破坏效果。图 5-20 是不同流场压力下，空泡在空蚀源孔附近的汽相体积比等值线分布。由图 5-20 可知，随着流场压力增大，空泡的体积分数先升高后降低，在 0.050 MPa，达到最大值 0.911，如图 5-20c 所示。交互磨损流场压力为 0 MPa 时，空泡难以在流场中持续，集中在空蚀源孔后方溃灭，所以气相

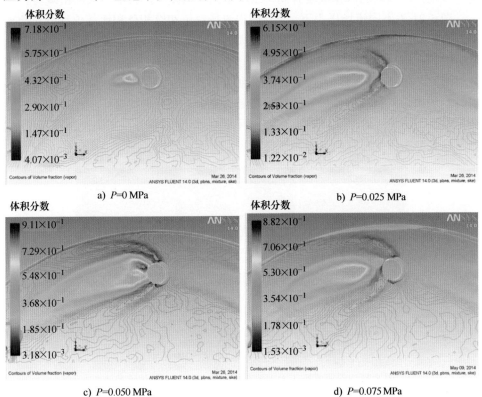

图 5-20　不同流场压力下空化源孔附近气相比等值线图

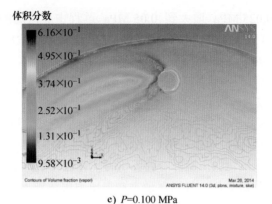

e) *P*=0.100 MPa

图 5-20 不同流场压力下空化源孔附近气相比等值线图（续）

体积的分布区域很小，如图 5-20a 所示。流场压力在 0.050 MPa 时，气液两相分层明显，在流场中易形成压力梯度，并且此时水中空泡含量处于一个临界状态，空泡数量适中且空泡的缓冲作用有限，空蚀破坏程度达到最大。随着流场压力的进一步上升，汽核的汽化难度升高，水中空泡含量减少，空泡溃灭冲击减弱。

图 5-21 为不同流场压力下，交互磨损流场总压和汽相体积比等值线分布叠加图。总压和汽相体积比等值线密度都较大的区域即为交互磨损最严重区域，空泡从空蚀源孔析出后，迅速向主流区扩散，在压力梯度较大的地方被水流压溃，形成微射流冲击，破坏材料表层的结构。由图 5-21 可知，在流场压力为 0.050 MPa 时，流场的总压和汽相体积等值线分布最为集中，交互磨损破坏程度最大。数值分析结果得出最大的溃灭冲击可达到几百兆帕，达到了部分材料的塑性变形强度，并且这种冲击持续进行，更容易使材料产生疲劳失效。

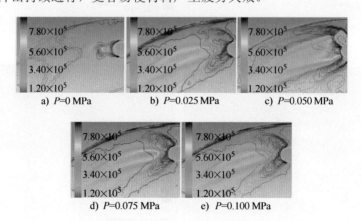

a) *P*=0 MPa b) *P*=0.025 MPa c) *P*=0.050 MPa

d) *P*=0.075 MPa e) *P*=0.100 MPa

图 5-21 不同流场压力下的总压和气相体积比等值线叠加图

沙粒的浓度与冲蚀磨损程度密切相关。图 5-22 为不同流场压力下，磨损转盘表面沙粒浓度的分布。由图可知，磨损转盘表面沙粒分布均匀，完全覆盖了转盘；流场压力对磨损转盘沙粒的分布区域影响不大，但对沙粒浓度的大小有重要影响。

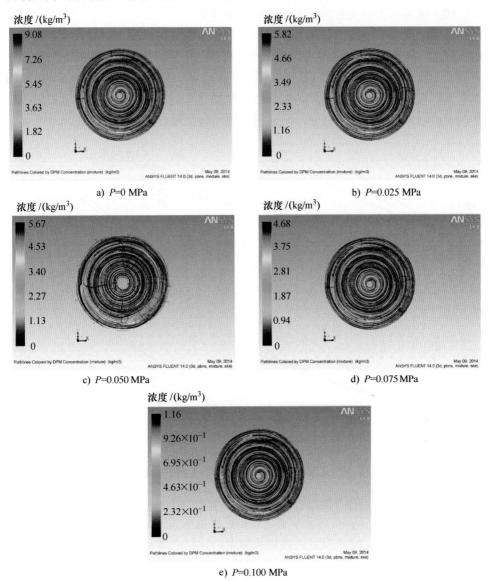

图 5-22　不同流场压力下磨损转盘表面沙粒浓度

在流场压力为 0 MPa 时，流场中空泡含量很少，对沙粒的影响可忽略，沙粒的浓度达到最大的 9.08 kg/m³，磨损转盘的破坏主要为含沙水流的冲蚀，见图 5-22a。当流场中存在一定的压力后，流场的黏性增加，阻碍沙粒的切削运动，冲蚀磨损减弱。随着流场压力从 0.025 MPa 上升到 0.100 MPa，磨损转盘表面沙粒的浓度从 5.82 kg/m³ 下降到 1.16 kg/m³。流场压力越大，含沙水流在流场中所受到的阻力越大，沙粒难以在磨损转盘上附着，故浓度下降。

（2）流场压力对交互磨损影响的试验研究

试验完成后，通过测量试件的磨损量和观测试件的磨损形貌分析交互磨损的破坏程度。图 5-23 为不同流场压力下四种材料的交互磨损曲线。四种材料的磨损规律都说明：交互磨损试件磨损量随流场压力的增加先增大后减小，在 0.050 MPa 左右达到最大值。材料的特性不同，各试件的交互磨损磨损规律不完全相同，材料的硬度越大，耐磨性能越好；并且脆性材料比塑性材料更容易磨损。

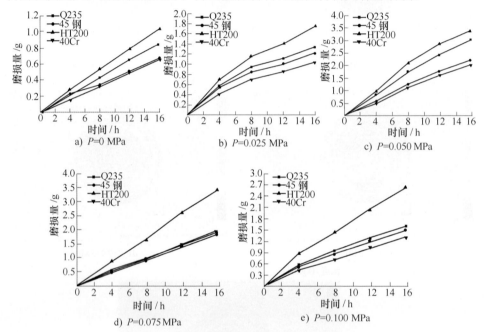

图 5-23　不同流场压力下试件磨损量与时间曲线

在四种材料中，40Cr 硬度较大且具有一定的塑性，其磨损规律相对具有代表性，固单独选取 40Cr 试件为分析对象，研究流场压力对交互磨损的影响。根据不同流场压力下 40Cr 试件交互磨磨损量数据，绘制了磨损量随流场压力变化的曲线，如图 5-24 所示。从图中可以看出 40Cr 试件的磨损量随着压力的变化成抛物曲线变化，在 0.050 MPa 时，40Cr 试件的磨损量达到最大，2.022 5 g。在转盘式磨损试验台特定工况下，40Cr 试件的磨损量与流场压力变化规律可用高斯函数来表示：

$$f(P) = a\exp\left(-(P-b)^2 / c^2\right) \tag{5-29}$$

式中，a、b、c 为待定参数。通过 MATLAB 拟合试验数据得到高斯函数的具体表达式为：

$$M = 2.005\exp\left(-\left(\frac{P-0.065\,19}{0.058\,93}\right)^2\right)(0 < P < 0.15\ \text{MPa}) \tag{5-30}$$

式中，M 为 40Cr 试件磨损量（g），P 为流场压力（MPa）。

　　试验完成后对比 40Cr 试件在不同流场压力下的交互磨损磨痕，如图 5-25 所示。通过分析试件表面的磨痕分布和磨痕深度判断 40Cr 试件的磨损程度。由 5-25d 可知在空蚀孔附近 A、B 两处都形成了两条较深的"沟槽"（其他试件在相同位置也可观察到类似磨痕）。空泡在空蚀源孔附近形成后迅速膨胀，由于空泡密度远小于水的密度，空泡在水流的挤压下向两边扩散，当空泡膨胀到一定尺寸后被水压溃。压力梯度最大的地方不是出现在空蚀孔正后方，而是沿着空蚀孔成一定角度上下分布，在此范围内交互磨损最严重。

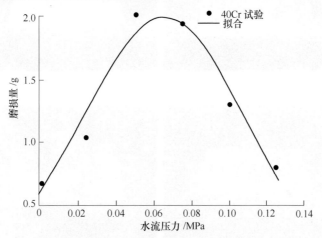

图 5-24　40Cr 试件磨损量与水流压力变化曲线

　　由图 5-25a 到图 5-25d 中可以看出，压力从 0 MPa 上升到 0.075 MPa 过程中，试件的磨痕从明显的冲蚀磨痕发展到彗星尾巴状磨痕，磨损范围在扩大、磨痕深度在增加，即交互磨损的破坏程度持续增大。压力从 0.075 MPa 上升到 0.100 MPa 过程中，随着空泡溃灭和沙粒的持续冲击，40Cr 表层产生冷作硬化，增大了材料的硬度，使得交互磨损对其的破坏性减弱。所以在压力变化过程中存在一个拐点使得 40Cr 的交互磨损程度最大，这个值接近 0.075 MPa。流场压力为 0.075 MPa 时，试件在空蚀源孔沿水流方向区域内形成了鱼鳞状蚀坑，如图 5-25d、5-25e。沙粒的微切削作用使材料表面不断受到挤压而产生高度变形的唇片，唇片又小又薄引起材料的变形，在唇的下面会形成应力集中，又会促进表面层唇片的形成。在沙粒不断的冲击下 40Cr 试件表面形成的唇片将会剥落形成鱼鳞状磨痕。

　　图 5-26 为不同压力下 40Cr 试件空蚀源孔后方（图 4-7d 中 a 点附近）交互磨

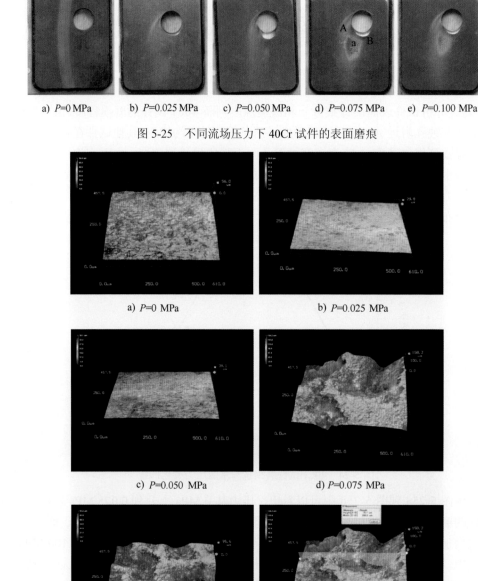

a) *P*=0 MPa b) *P*=0.025 MPa c) *P*=0.050 MPa d) *P*=0.075 MPa e) *P*=0.100 MPa

图 5-25   不同流场压力下 40Cr 试件的表面磨痕

a) *P*=0 MPa

b) *P*=0.025 MPa

c) *P*=0.050 MPa

d) *P*=0.075 MPa

e) *P*=0.100 MPa

f) *P*=0.075 MPa

图 5-26   不同压力下图 5-25d 中 a 点处的交互磨损三维形貌

损的三维磨损形貌。图 5-26a 为流场压力为 0 MPa 下交互磨损磨痕，此磨损峰值达到了 56 μm 是由含沙水流集中冲击 40Cr 试件同一个地点引起的局部变形。图 5-26b 到图 5-26d 显示了流场压力从 0.025 MPa 上升到 0.075 MPa 过程中三维磨痕的变化，试件表面的不平整度从 29.8 μm 上升到 158.2 μm，由此说明流场压力增加加剧了交互磨损的破坏程度；而当流场压力从 0.075 MPa 上升到 0.1 MPa 时，试件表面不平整度的峰值又从 158.2 μm 下降到 95.6 μm，说明交互磨损作用在减弱；即流场压力在 0.075 MPa 左右交互磨损最严重。在图 5-26d 和图 5-26e 中可看到明显的空蚀坑痕迹，在沙粒冲蚀和空泡溃灭冲击的共同作用下蚀坑连成一起，成块剥落。图 5-26f 为了流场压力在 0.075 MPa 下蚀坑的深度测量，数据显示试件某个部位蚀坑的最大深度达到了 115.6 μm。

图 5-27 为不同流场压力下 40Cr 试件空蚀源孔后方（图 5-25d 中 a 点附近）

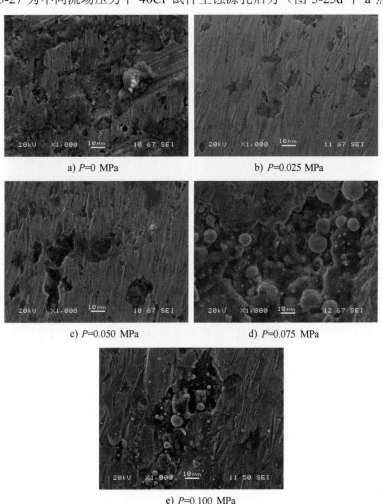

a) P=0 MPa　　　　　　　　b) P=0.025 MPa

c) P=0.050 MPa　　　　　　d) P=0.075 MPa

e) P=0.100 MPa

图 5-27　不同压力下图 5-25d 中 a 点处的 SEM 微观形貌

交互磨损的 SEM 微观形貌。图 5-27a 为 40Cr 在流场压力为 0 MPa 时的磨损，含沙水流直接冲击到材料，造成材料的磨蚀破坏，磨损痕迹除了犁沟外还有材料的块状剥落，不过冲蚀破坏仅限于材料表层。40Cr 试件在流场压力较低时，磨痕主要为与水流方向一致的微切削犁沟和磨损坑，如图 5-27b、5-27c 所示。

在含沙水流的冲击下，材料表面产生塑性变形，并经多次的辗压而形成片状变形层。层的边缘开裂、翻折，形成凹坑及凸起的唇片，继而裂纹扩展连接形成犁沟状磨屑。当流场压力较低时，三相流中空泡的含量较多，空泡的可压缩性对空泡溃灭产生的微射流和高速含沙水流对壁面的冲击有缓冲作用，使得交互磨损破坏只发生在材料表层。40Cr 在流场压力上升到 0.075 MPa 时，表面的磨痕表现为微切削犁沟和蜂窝状蚀坑，并且蚀坑里镶嵌着白色氧化铁球形颗粒，如图 5-27d 所示。

流场压力在 0.075 MPa 时，三相流中空泡含量保持在一个临界值，缓冲作用有限；流场此时保持着大的压力梯度，空泡溃灭冲击直接作用到材料表面，溃灭时间只有微秒级，形成的瞬时高温来不及扩散，致使材料局部地区温度急剧升高，将材料表层氧化成白色氧化铁结晶体；同时溃灭冲击破坏了材料表层的结构，造成材料疲劳剥落，形成蜂窝状蚀坑。对比图 5-27d、图 5-27e 发现材料表面蚀坑直径变小，主要磨损特征接近恢复到犁沟状磨痕。随着流场压力进一步上升，流场中析出的空泡含量减少，空泡溃灭冲击减弱，交互磨损破坏程度降低。

综合数值分析和试验结果可知，流场压力通过影响流场中空泡的密度及分布来影响交互磨损作用；流场压力越小，空泡越容易析出；空泡越多，溃灭冲击破坏强度越大；水中的空泡增加时，水流的可压缩性增大，空泡的存在对空泡溃灭和含沙水流的冲击起到缓冲作用，反而使空泡对材料表面的有效冲击减弱。

5.4.5 冲蚀角的影响

冲蚀角是沙粒速度方向与材料表面的夹角。以冲蚀角为变量，含沙水流的冲蚀速度分为水平速度和垂直速度，垂直分速度决定了沙粒对材料表层的冲击作用大小；而水平分速度完成切削运动，造成材料的微体积剥落。冲蚀角越大则沙粒的垂直分速度越大，对材料的破坏作用也越强。研究发现当冲蚀角较小时，磨损试件的主要失效形式是沙粒的微切削，当冲蚀角较大时，材料的主要失效形式是变形磨损引起的疲劳剥落。所以冲蚀角对交互磨损的失效形式有重要影响。

（1）冲蚀角对交互磨损影响的数值分析

冲蚀角对交互磨损流场分布的影响不是很直观，计算完成后观察空蚀源孔附近总压和气相体积比等值线分布以及沙粒浓度分布研究交互磨损机理，如图 5-28，图 5-29 所示。

图 5-28 为不同冲蚀角下，空蚀源孔附近总压等值线分布。由图可知，总压等

值线分布主要沿水流方向，在空蚀源孔附近成夹角分布，越靠近空蚀源孔，等值线越密，这说明转盘表面压力梯度最大的地方集中在空蚀源孔后方及两侧。随着冲蚀角的增大，交互磨损流场最大冲击压力先增大后减小，在冲蚀角为 30°时，达到最大值 5.03×10^6 Pa。观察图 5-28c 和图 5-28d 可知，冲蚀角在 30°和 34°时，空蚀源孔左上方等值线密度都较大，形成了等值线蜂窝，流场在此的压力梯度达到峰值，此处以空蚀为主的交互磨损破坏程度最大[20]。

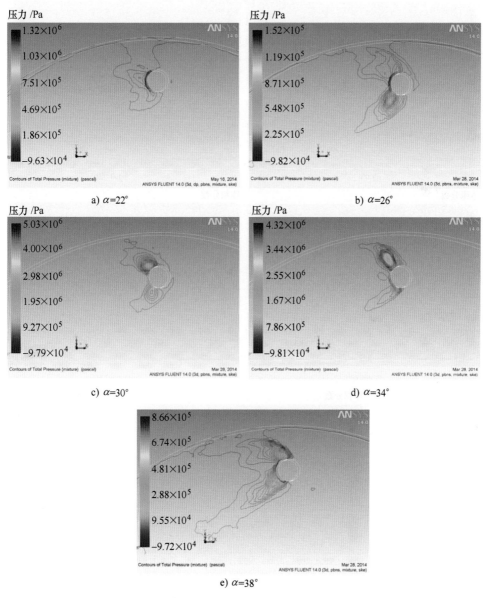

图 5-28　不同冲蚀角下空化源孔附近总压等值线图

图 5-29 为不同冲蚀角下，空蚀源孔附近气相体积比等值线分布。由图可知，气相体积比等值线也分布在空蚀源孔两边，区域狭长，沿水流方向成彗星状分布。当相对冲蚀角较低（图 5-29a）或是较高（图 5-29e）时，交互磨损流场的气相体积都较少，气液两相间的分界线模糊，难以形成因气液两相密度差引起的压力梯度，见图 5-28a、图 5-28e 所示。而冲蚀角在 26°、30°和 34°时，耦合磨损流场

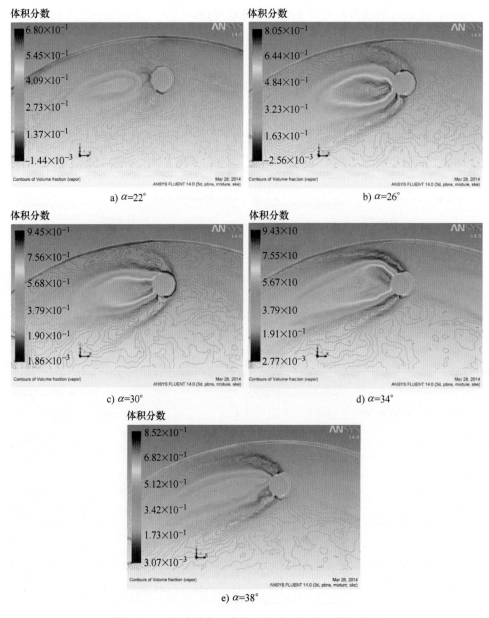

a) $\alpha=22°$ b) $\alpha=26°$

c) $\alpha=30°$ d) $\alpha=34°$

e) $\alpha=38°$

图 5-29　不同冲蚀角下空化源孔附近气相比等值线图

中气相体积挤占了水流体积，在空蚀源孔后方空泡相的体积比接近 90%，气液两相间形成了明显交界面，如图 5-29b 到图 5-29d 所示，即在气液交界面附近容易产生大的压力梯度，这也验证了图 5-28 中总压分布规律。

图 5-30 为不同冲蚀角下的总压等值线和气相体积比等值线叠加图。由图可知在空蚀源孔后方上下两侧，总压等值线密集，且气液两相在此分层明显。冲蚀角在 30°时，气相体积和总压分布形成了相对平衡，压力梯度主要分布在气液两相体积比相差最大的地方，即图中总压等值线和气相体积比等值线密集叠加的空蚀源孔后方上下两侧。

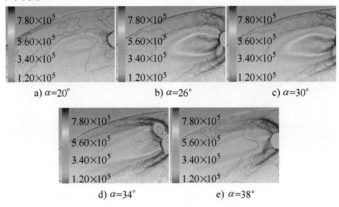

图 5-30　不同冲蚀角下的总压等值线和气相体积分布叠加图（Pa）

图 5-31 为不同冲蚀角下磨损转盘沙粒浓度分布。由图可知，沙粒布满了整个磨损转盘表面，但是在转盘空化源孔所在圆周以及旋转中心沙粒的分布较稀疏。由第 2 章数值分析结果可知，此沙粒浓度的分布规律是空蚀源孔后方空泡体积挤压了含沙水流体积的结果。

沙粒的浓度直接影响着交互磨损中冲蚀磨损效果。随着冲蚀角从 22°上升到 30°过程中，磨损转盘表面沙粒的浓度从 $1.78\ kg/m^3$ 上升到 $8.29\ kg/m^3$，而当冲蚀角继续增大到 38°时，沙粒的浓度又下降到 $0.619\ kg/m^3$。所以在其他流场参数不变的工况下，冲蚀角增大过程中，转盘的磨损程度先增大后减小在 30°时达到最大。

（2）冲蚀角对交互磨损影响的试验

含沙水流在低冲角下与材料表层接触，在垂直分动量的作用下压入材料表层，在水平分动量的作用下完成微切削。图 5-32 是不同冲蚀角下试件磨损量与时间关系曲线，为了便于比较，图中已将磨损磨损量坐标设为一致。由图可知在各冲蚀角下，四种材料的磨损量与磨损时间成正比例关系。在冲蚀角相对较小（ α=22°）或冲蚀角相对较大（ α=38°）时，材料的磨损率较小，磨损曲线上升的比较平缓，见图 5-32a、5-32e。当冲蚀角 α=30°左右时，材料的磨损量随试验时间迅速上升，单位时间内磨蚀率较大，见图 5-32b～5-32d。试验结果证实了数值计算结果，冲

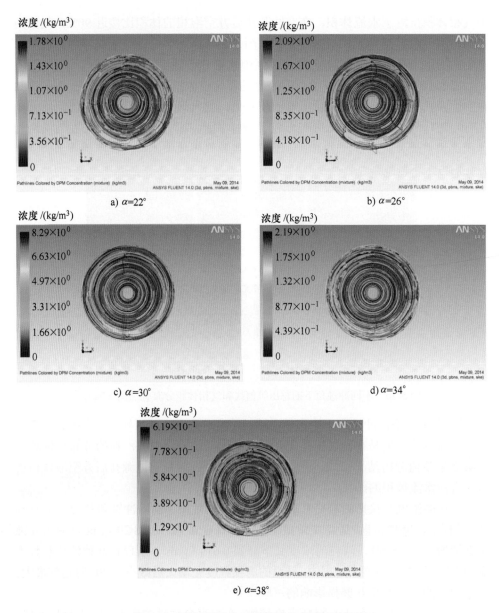

图 5-31 不同冲蚀角下磨损转盘表面沙粒浓度

蚀角主要改变了转盘表面压力、气相分布，由于不同材料抗冲蚀或者抗空蚀能力不同，因此在不同的冲蚀角下磨损磨损量表现不同。

同样选择 40Cr 试件，单独研究其在不同冲蚀角下的交互磨损规律。图 5-33 是用 MATLAB 拟合的 40Cr 试件磨损量随冲蚀角变化的关系曲线，其走势与三次样条曲线吻合得相当好。随着冲蚀角的增大，试件的磨损量先上升后下降，在冲蚀角大约为 30°左右，材料磨损量达到最大值，即交互磨损最严重。此磨损性能与材料在冲蚀磨损下的磨损规律相同。

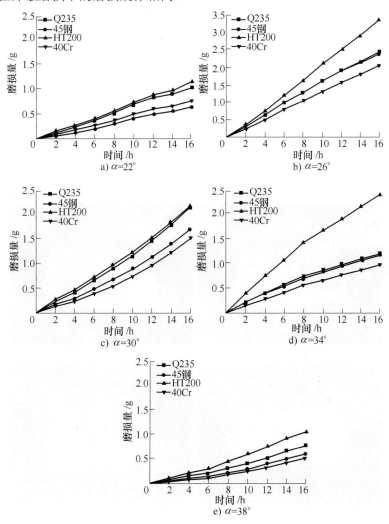

图 5-32　不同冲蚀角下试件磨损量与时间曲线

图 5-34 为 40Cr 试件在不同冲角下交互磨损的三维磨损形貌。在冲蚀角从 22° 上升到 30°过程中，微切削作用持续加剧，材料表面的不平整度从 9.5 μm 上升到 31.5 μm，磨痕也从微切削犁沟转化为犁沟与蚀坑并存的形貌。当含沙水流的入射冲角较大时，其垂直分动量迫使沙粒压入材料表层，在沙粒和空泡溃灭的反复冲击下，材料表层发生冷作硬化，减低了交互磨损破坏作用。由于 40Cr 材料的塑性有限，随着冲击的持续进行，材料有缺陷的地方最开始产生应力集中，出现微裂纹；随着微裂纹的扩展和连接，材料最终发生疲劳剥落形成蚀坑，见图 5-34e。

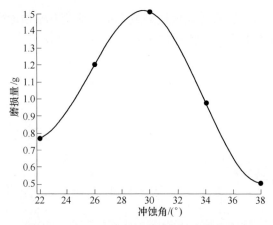

图 5-33　40Cr 试件磨损量随冲蚀角变化曲线

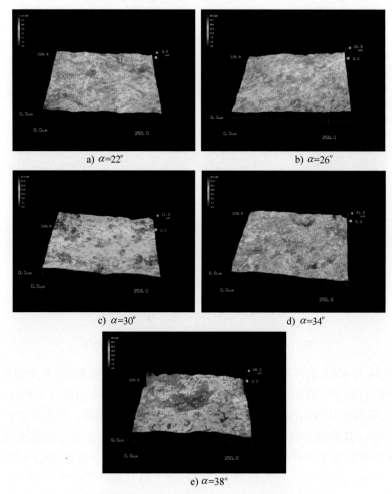

图 5-34　不同冲蚀角下 40Cr 的三维磨损形貌

大量试验表明，影响材料磨损破坏形式的临界冲角 α_0 在 30°左右。由图 5-35 可知冲蚀角变化过程中材料的磨损破坏形式的转变。当沙粒的冲蚀角在 0°~30° 范围内，交互磨损下材料的破坏形式主要为沙粒的微切削，其次为空蚀磨蚀。沙粒动能垂直分量确定其压入材料表面的深度；而沙粒冲击动能的水平分量完成切削运动，而最终剥落材料的微体积，造成磨损。材料的磨损量主要取决于沙粒的水平速度，所以当冲蚀角达到临界值时，材料的磨损量最大。在图 5-35a 到 5-35c 中，材料表面布满了犁沟，且犁沟的走势比较完整。在小角度下，沙粒扫掠过材料表面，停留在材料里面的部分很少，留下了完整的微切削犁沟。

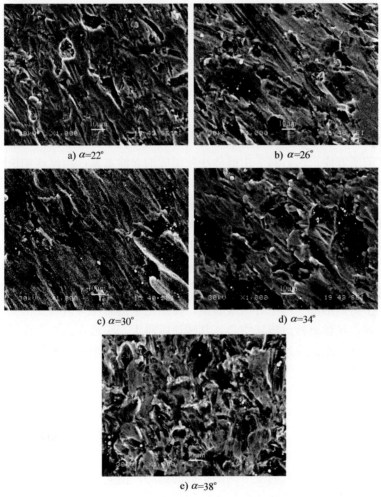

a) $\alpha=22°$　　　　　b) $\alpha=26°$

c) $\alpha=30°$　　　　　d) $\alpha=34°$

e) $\alpha=38°$

图 5-35　不同冲蚀角下 40Cr 试件的 SEM

当沙粒的冲蚀角 $\alpha>30°$时，材料的破坏性形式以变形磨损和空蚀磨损为主，随冲角增加，其垂直动能分量增加，磨损量增大。沙粒动能的垂直分量决定材料的磨损量，含沙水流对试件表面的垂直冲击和空蚀作用破坏材料表层的结构，引起材料的疲劳剥落，在材料表面留下蚀坑。图 5-35d 中犁沟的方向已经完全紊乱，试件表面由于沙粒深度切削及微裂纹连接，材料剥落形成了凹凸不平唇片。图 5-35e 中材料表面形成了布满氧化铁颗粒的蚀坑，氧化程度的增大破坏了材料表面的完整性，蚀坑已经扩展到材料的亚表层。

理论上，在临界冲蚀角下，材料的失效形式为微切削，临界冲蚀角以上为变形磨损。但实际观察发现，在冲蚀角变化过程中两种磨损方式同时存在。此外对于脆性材料，理论上都是变形磨损，但在交互磨损中当含沙水流以一定的冲角和速度作用到材料表面时，脆性材料也可以发生微切削磨损，这就是脆性材料在特定冲角下的柔性行为。在某些试验条件下，可以观察到材料表面的交互磨损磨痕呈现出波纹状，表现为微切削磨损特征。这种行为拓宽了流体机械抗磨设计中材料的选择范围。

5.4.6　冲蚀速度的影响

理论上在切削磨损和变形磨损下材料的失重取决于含沙水流的动能，与沙粒冲蚀速度的平方成正比。对于由群体沙粒组成的含沙水流，当流速加快时，水流中的沙粒速度增加的同时，单位时间内冲击材料表面的沙粒数量增加，磨损更严重。

（1）冲蚀速度对交互磨损影响的数值分析

冲蚀速度对交互磨损流场压力变化和空泡密度及分布影响重大。图 5-36、图 5-37 分别为冲蚀速度影响下空蚀源孔附近总压等值线图和气相体积比等值线图。

从图 5-36 可以看出，随着冲蚀速度的增大，流场的最大冲击压力值从 1.52×10^6 Pa 增大到了 4.32×10^6 Pa；并且总压等值线分布也趋向密集，在空蚀源孔沿水流方向上下两侧形成了两个等值线蜂窝，特别是上侧总压等值线更密集。当转盘速度一定时，越远离转盘旋转中心，其线速度越大，空泡在离心力作用下向转盘外侧扩散，并被水流迅速压溃，在靠近空蚀源孔的上侧形成了大的压力梯度，所以等值线更密集。

从图 5-37 气相体积比分布可以看出在空蚀源孔附近气相体积随冲蚀速度增加所占比例增加；气相体积分布区域是以空蚀源孔为中心的抛物线，随着冲蚀速度增大，气相分布被拉长，抛物线所包含区域变得狭窄，等值线也趋向密集，这说明气液两相的分界面越来越明显。随着冲蚀速度的增大，气相体积比等值线向空蚀源孔附近收缩，并且有向上下两侧扩散的趋势，由此形成的压力梯度更大[21]。

将空蚀源附近总压等值线和气相体积比分布等值线叠加，如图 5-38 所示。为了便于比较不同冲蚀速度了的交互磨损效果，将图片的最大坐标值设置相同。由图可知，随着冲蚀速度的增大，空蚀源孔附近的总压和气相体积都持续增大，越靠近源孔，等值线越密集。交互磨损发生区域分布在压力梯度大且气相体积比高的空蚀源孔上下两侧，且离空蚀源越近，磨损越大。

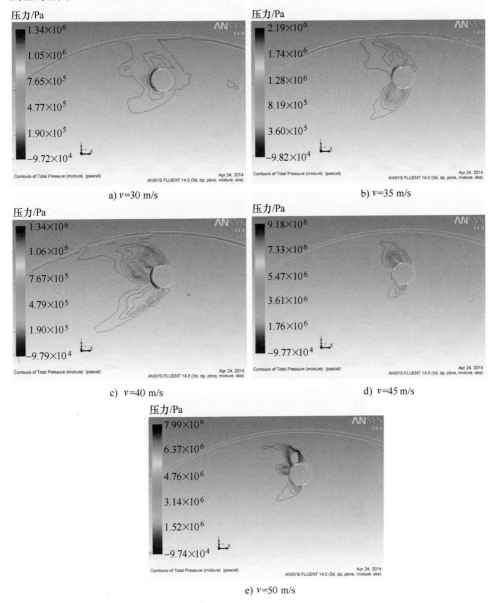

a) $v=30$ m/s

b) $v=35$ m/s

c) $v=40$ m/s

d) $v=45$ m/s

e) $v=50$ m/s

图 5-36　不同冲蚀速度下空化源孔附近总压等值线图

图 5-39 为不同冲蚀速度下磨损转盘浓度的分布，随着冲蚀速度的增大，磨损转盘沙粒的浓度持续降低，从 9.73 kg/m³ 下降到 6.06 kg/m³。随着转盘转速的增加，沙粒的动能增大，对转盘的黏附作用减小，沙粒浓度降低。此外，随着转盘转速增大，空化孔所在圆周空泡体积所占区域扩大，沙粒的浓度也会降低。

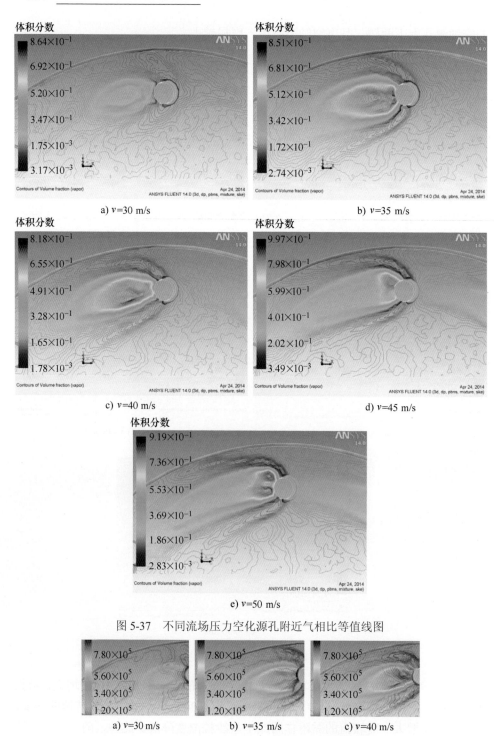

图 5-37　不同流场压力空化源孔附近气相比等值线图

图 5-38　不同冲蚀速度下的总压等值线和气相体积分布叠加图（Pa）

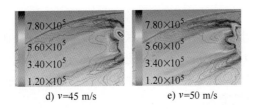

d) v=45 m/s   e) v=50 m/s

图 5-38 不同冲蚀速度下的总压等值线和气相体积分布叠加图（Pa）（续）

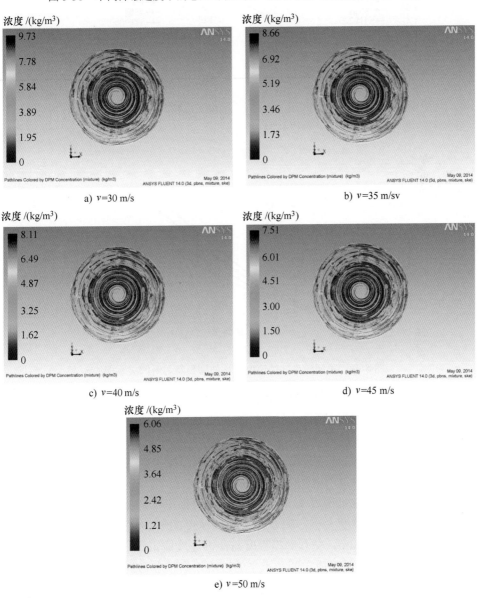

图 5-39 不同冲蚀速度下磨损转盘表面沙粒浓度

（2）冲蚀速度对交互磨损影响的试验

根据材料磨损量随磨损时间的变化关系绘制了四种材料在不同冲蚀速度下的磨损曲线，见图 5-40。由图可知，冲蚀速度越大，交互磨损试件的磨蚀率越大，表现为磨损曲线的曲率越大。试验结果表明，四种材料的磨损量各不相同，但都随冲蚀速度增加磨损量增大。

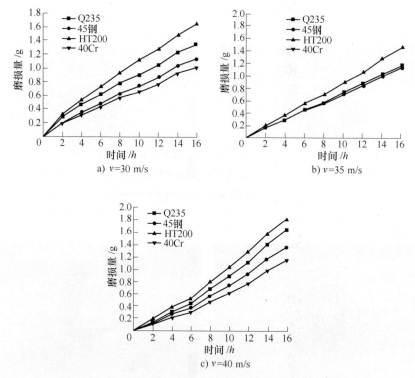

图 5-40　不同转盘冲蚀速度下试件磨损量与时间关系曲线

在冲蚀速度较低时，因空蚀源附近压差小，空蚀磨损不强烈，塑性比较好的金属失效形式主要为冲蚀磨损，材料磨损量随磨损时间成正比例关系，如 Q235、45 钢、40Cr 等；随着速度增加，转盘室内压力增大，空蚀磨损效果明显加强，加快了试件的磨损。冲蚀速度越高，试件交互磨损磨损量越大，并且脆性材料比塑性材料更易磨损。

图 5-41 为不同冲蚀速度下 40Cr 试件交互磨损三维磨损形貌，颜色的深浅反映了试件表面不平整度大小。随着转盘冲蚀速度的增加试件表面的不平整度由 16.1 μm 上升到 35.1 μm，交互磨损程度与冲蚀速度成正比。由图 5-41c 可知，在高冲蚀速度下试件表面形成了凹凸不平的蚀坑，磨损非常严重。冲蚀速度决定了沙粒的动能，沙粒在高速下冲击材料表面，微切削深度和疲劳磨损程度都大幅度提高，更易造成材料表面材料的磨损破坏。

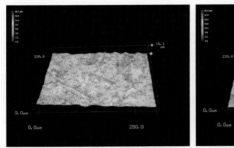
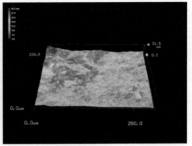

a) 30 m/s b) 35 m/s

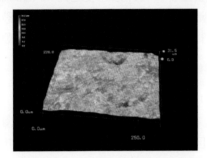

c) 40 m/s

图 5-41 不同冲蚀速度下 40Cr 的三维磨损形貌（×1 000）

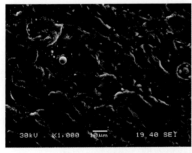
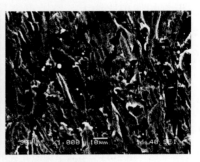

a) 40 m/s b) 35 m/s

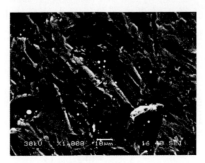

c) 30 m/s

图 5-42 不同冲蚀速度下 40Cr 的 SEM（×1 000）

在交互磨损试验中，含沙水流连续冲击试件，造成材料表面犁削和剥落；同时空泡溃灭产生的冲击反复作用于材料表面，在材料表层形成针孔状的蚀坑，如图 5-42 所示。在交互磨损下，随着冲蚀速度的增大，材料表面的磨痕由浅入深，磨损程度也逐步加重。图 5-42a 中，冲蚀速度为 30 m/s 时，沙粒在材料表层留下的磨痕并不明显，且非常杂乱，交互磨损破坏作用主要发生材料表层。冲蚀速度增加到 35 m/s 时，材料表面形成了完整的切削磨痕，如图 5-42b 所示。沙粒的动能增大后，对材料表层的切削程度加大，沙粒直接扫略过材料表面，形成犁沟状磨痕，且磨痕的方向比较整齐。当冲蚀速度达到 40 m/s 时，微切削作用更大，在材料表面留下的切削痕迹更深，同时由于沙粒的微切削破坏了材料的完整性，空蚀作用将进一步加剧，材料表层蚀坑的深度以及氧化铁颗粒的数目都在增加。

5.4.7 空化孔参数的影响

（1）空化孔径对交互磨损的影响

图 5-43 是空蚀源孔径对转盘表面气相体积比云图的影响，为便于比较，图示只截取了空蚀源孔附近区域，红色区域表示气相区域。其中，图 5-43a、5-43b、5-43c、5-43d 分别表示空蚀源孔直径为 5 mm、10 mm、15 mm、20 mm 的转盘表面气相体积比分布图。从图 5-43 中可以看出，随空蚀源孔径的增大，转盘表面空蚀源孔附近气相体积比增大，空蚀更容易发生。

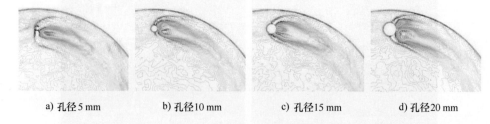

a) 孔径 5 mm   b) 孔径 10 mm   c) 孔径 15 mm   d) 孔径 20 mm

图 5-43 不同空蚀源孔径的转盘表面气相体积比云图

图 5-44 不同空蚀源孔径下转盘表面总压最大值变化曲线，图中说明随空蚀源孔径的增大，转盘表面压力增加，发生空蚀时其冲击力加大，因此，空蚀源孔径增大，交互磨损将加剧，磨损加快[22]。

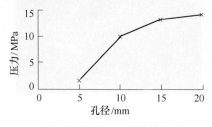

图 5-44 不同空蚀源孔径的转盘表面压力最大值曲线

　　图 5-45 是在同一工况下,不同空蚀孔径磨损转盘的交互磨损试验。从图 5-45a 整体磨损转盘的磨痕可以发现:在交互磨损下,各孔径下磨损转盘的磨痕呈现相同的规律;交互磨损在空蚀源孔后方上下两侧形成了两条很深的"沟";磨痕沿着

a) 不同孔径磨损转盘整体图

b) 空蚀孔径7.5 mm

c) 空蚀孔径10.0 mm

d) 空蚀孔径12.5 mm

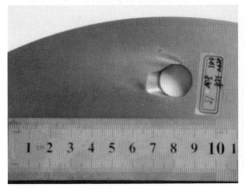

e) 空蚀孔径15.0 mm

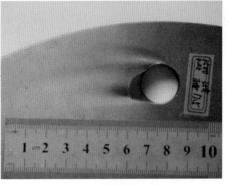

f) 空蚀孔径17.5 mm

图 5-45　不同空蚀孔径下交互磨损整体和局部图

转盘旋转方向大致成抛物线状分布，抛物线的原点在空蚀孔的中心。观察单个空蚀源孔附近的磨痕可以发现：随着空蚀孔径的增大，交互磨损破坏作用在持续加强，特别表现在空蚀源孔后方材料的去除量；当空蚀孔径为 7.5 mm 时，空蚀孔后方材料丢失，只留下一条小的"凹坑"，源孔后方上下两侧开始出现磨损沟痕，见图 5-45b；空蚀孔径增大到 10 mm 时，"凹坑"变得狭长，源孔后上方沟痕在加深，见图 5-45c；当空蚀孔径增大到 12.5 mm 时，"凹坑"被加速磨损成为"楔形"，见图 5-45d；；随着孔径的继续增大，源孔后方上下两侧的"沟"变得更长和更深，源孔的"楔形"的梯度持续增大，最后将空蚀孔磨穿成了椭圆形状，如图 5-45e、5-45f 所示。交互磨损能够将 10 mm 厚的钢板蚀穿，可见磨损破作用有多剧烈[23]。

（2）空蚀源间距（空蚀源孔数）

图 5-46 是不同空蚀源孔数对转盘表面汽相体积比分布云图。图 5-46a、5-46b、5-46c、5-46d 分别为 6、8、16、18 个空蚀源孔时转盘表面汽相体积比分布图，红色区域表示汽相区域。从图中可以看出，随着空蚀源孔数的增加，即空蚀源孔间距变小，转盘表面空蚀区域会产生叠加，汽相体积比增加，分布形态变化不大，仍沿旋转方向在空蚀源孔周边成鱼尾状展开。

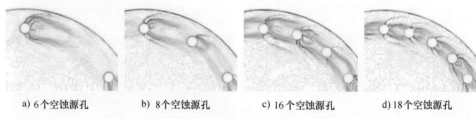

a) 6个空蚀源孔　　　b) 8个空蚀源孔　　　c) 16个空蚀源孔　　　d) 18个空蚀源孔

图 5-46　不同空蚀源孔数的转盘表面汽相体积比等值线

图 5-47 是不同空蚀源孔数时转盘表面最大压力变化曲线，从图中可见，随空蚀源孔数增加，转盘表面最大压力增大。因此，当空蚀源孔数增加，空蚀源孔间距减小，使转盘表面压力增大，压力梯度增大，汽相叠加，磨损加剧，其最高压力幅值是单个空蚀源孔最高压力的近 10 倍。但当空蚀源孔数进一步增加时，压力增加不明显。

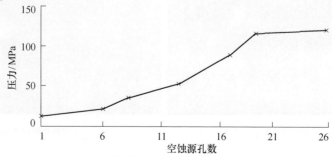

图 5-47　不同空蚀源孔数的转盘表面压力最大值曲线

图 5-48 为 16 个空蚀孔试验转盘试验后取出的图片，试验条件同上述试验。从图中可以看出，转盘的磨损主要发生在空蚀源孔的附近，既有冲蚀磨损的痕迹，也有空蚀磨损的痕迹，磨痕沿空蚀源孔边以一夹角展开，呈鱼尾状分布，并且在沿转盘空蚀源孔圆周区域也有一定的磨损。试件磨痕的区域、磨损程度与计算的流场分布基本一致，试验结果和计算结果基本吻合。

 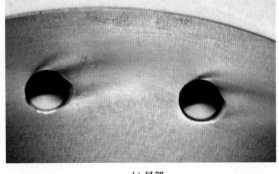

a) 整体　　　　　　　　　　　　　　　b) 局部

图 5-48　16 孔转盘试验后整体和局部图

综上所述，理论计算结果和试验结果吻合较好，因此，采用理论计算方法可以预测磨损状况。在交互磨损状态下，压力分布主要沿转盘旋转方向，从空蚀源孔边以一夹角展开，鱼尾状分布，转盘表面最大压力值出现在空蚀源孔右侧附近；汽相体积比分布被分成两边，区域变长；交互磨损因高压区域变窄，压力梯度变大和空泡区间变窄长，磨损较单独空蚀磨损或冲蚀磨损更严重，其位置主要在压力梯度较高且有高汽相比存在的空蚀源孔附近，磨损区域主要沿抛物线分布，越靠近空蚀源，磨损越严重。

5.5　交互磨损机理分析

5.5.1　磨损现象及磨损形貌

叶轮的破坏，往往以大面积鱼鳞坑的出现为特征，鱼鳞坑的平面分布比较整齐，排列方向基本和水流方向一致，坑的周围界限明显。在凹坑边缘有塑性变形挤出的材料堆积物，有的沙砾压入材料的表面。我们认为产生这种材料独特的表面形貌是由于冲蚀和汽蚀的联合作用破坏的。

冲蚀是由于液体中的固体粒子的冲击引起的表面材料流失的一种普遍的磨损现象。含沙水的含沙量和沙砾的大小、密度、成分和质量都对冲蚀有极大的影响，同时含沙水也对空化现象也有重要的影响。空化空穴的形成与水流中原有的空气核子有关，当水流中含有泥沙颗粒时，溶解于水中的气体常附着在泥沙颗粒的不平整的表面。同时泥沙颗粒落入水中时，自然也携带了附着其表面的空气微团，因此，含沙流水中的空气核子数量比清水中的大为增加，另一方面，水的容积强度因混入沙砾而降低，同时，当水中沙砾产生相对于水流的加速度时（例如，局部水流加速或者转弯时，沙砾彼此之间或流道边壁碰撞时，将形成相对于流水的加速度），在沙砾后方将形成低压区，有利于空化空穴的产生。这样，当其他条件相同时，含沙水流比清水更容易产生空化空穴现象。因此水中的含沙对空化现象有促进作用。

空化同样能加剧冲蚀磨损现象，沙砾磨损强度取决于水中泥沙颗粒的实际运动速度，当流道中存在空化现象时，局部水流的流态是不稳定的，无论是空化空穴发育，不稳定脉动和形态突变时，或者是空化空穴溃灭时，均产生局部强烈扰动，使水流的颗粒获得极大的附加速度，因而其冲击流道的压力、动量增大，造成了更快更强烈的沙砾磨损。这样，空化过程将使泥沙磨损加剧。

总之，叶轮流道遭受泥沙磨损和汽蚀的联合作用，它们的破坏作用远比纯冲蚀和纯汽蚀使得叶轮造成的破坏作用要强，叶轮流道因沙粒冲撞形成的凹坑，或者汽蚀使得叶轮流道产生的蜂窝麻面，由于沙粒的冲击脱落成鱼鳞坑，当流体流经过时引起脱流，脱流形成空蚀，自此后空蚀与冲蚀相互诱发，相互影响，加速叶轮的失效。

一般认为：含沙流改变了清水的物化及流动特性，使水的空化压力发生变化，空蚀提前发生；沙水流中，由于沙粒质量不同，在惯性力的作用下，可能会滞后或超前于水流，合理的体型促使水中游离的沙粒产生旋涡气泡，并在某一临界压力值下溃灭，材料遭空蚀破坏；空泡溃灭时，为泥沙磨蚀创造了条件；在含沙高速水流的冲击和摩擦切削下，材料表面出现凹凸不平，形成空蚀源。局部水流的紊动促使沙粒能的提高，加剧了材料的破坏。

5.5.2　交互磨损预估模型

根据理论结果图 5-4 和试验结果图 5-8 可知，交互磨损磨痕的分布是以空蚀源作为原点的抛物线，见图 5-49 所示。随着转盘转速的增大，其磨痕抛物线离空蚀源越远，交互磨损量越小，其抛物线表达式为：

$$y = a(x - b)^n + c \tag{5-31}$$

式中，待定参数 a，n，影响磨损主要区域的宽度、强度，其值与水流压力、水流速度等有关，待定参数 b，c 影响磨损发生起始位置。

由于转盘做旋转运动，因此需要将 x 轴进行逐点旋转变换，其旋转变换矩阵为：

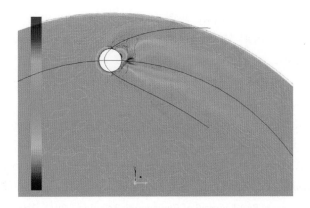

图 5-49　交互磨损后空蚀源孔附近磨痕

$$\begin{pmatrix} x' \\ y' \end{pmatrix} = \begin{pmatrix} \cos\delta & -\sin\delta \\ \sin\delta & \cos\delta \end{pmatrix} \begin{pmatrix} x \\ y \end{pmatrix} \tag{5-32}$$

其中，$\delta = \arctan(y/x)$，则旋转变换后的直角坐标值为：

$$\begin{cases} x = x'\sin\delta + y'\cos\delta \\ y = x'\cos\delta - y'\sin\delta \end{cases} \tag{5-33}$$

参 考 文 献

[1]　段昌国. 水轮机沙粒磨损[M]. 北京: 清华大学出版社, 1981.

[2]　何国庚, 梁柱, 黄素逸, 等. 平壁对空泡运动的影响研究[J]. 水动力学研究与进展(A 辑), 1998, 13(4): 447-453.

[3]　车得福, 李会雄. 多相流及其应用[M]. 西安: 西安交通大学出版社, 2007.

[4]　黄继汤. 空化与空蚀的原理及应用[M]. 北京: 清华大学出版社, 1991.

[5]　李永健. 空蚀发生过程中表面形貌作用机理研究[D]. 北京: 清华大学, 2009.

[6]　张林夫, 夏维洪. 空化与空蚀[M]. 南京: 河海大学出版社, 1989.

[7]　RAYLEIGH L. VIII. On the pressure developed in a liquid during the collapse of a spherical cavity[J]. The London, Edinburgh, and Dublin Philosophical Magazine and Journal of Science, 1917, 34(200): 94-98.

[8]　庞佑霞, 刘厚才, 郭源君. 考虑边界层的水泵叶片冲蚀磨损机理研究[J]. 机械工程学报, 2002, 38(6): 123-126.

[9]　柯乃普, 戴利, 哈密脱. 空化与空蚀(水利水电科学研究院译)[M]. 北京: 水利出版社, 1981.

[10]　蒋亮, 陈皓生, 陈大融. 液体中空泡收缩过程的数值研究[J]. 润滑与密封, 2012, 37(2): 1-4.

[11] 聂荣昇. 水轮机的空化与空蚀[M]. 北京: 水利电力出版社, 1985.

[12] 吴玉林, 唐学林, 刘树红, 等. 水力机械空化和固液两相流体动力学[M]. 北京: 中国水利水电出版社, 2007.

[13] SINGHAL A K, ATHAVALE M M, LI H, et al. Mathematical basis and validation of the full cavitation model[J]. Journal of Fluids Engineering, 2002, 124(3): 617-624.

[14] 庞佑霞, 唐勇, 梁亮, 等. 冲蚀与空蚀交互磨损三相流场仿真与试验研究[J]. 机械工程学报, 2012, 48(3): 115-120.

[15] PANG Y, LIANG L, TANG Y, et al. Numerical analysis and experimental investigation of combined erosion of cavitation and sandy water erosion[J]. Proceedings of the Institution of Mechanical Engineers Part J Journal of Engineering Tribology, 2015, 230(1): 31-39.

[16] 庞佑霞, 李彬, 刘厚才, 等. 流体机械叶轮常用材料冲蚀与空蚀交互磨损特性研究[J]. 润滑与密封, 2013, 38(12): 23-26, 45.

[17] 庞佑霞, 朱宗铭, 梁亮, 等. 多种材料的冲蚀与空蚀交互磨损试验装置的研制及应用[J]. 机械科学与技术, 2012, 31(1): 1-3.

[18] 庞佑霞, 李彬, 刘厚才. 压强影响下 40Cr 的冲蚀与空蚀交互磨损特性[J]. 润滑与密封, 2013, 38(5): 29-33, 37.

[19] 朱宗铭, 庞佑霞, 梁亮, 等. 环境压力对冲蚀、空蚀交互磨损影响研究[J]. 机械科学与技术, 2013, 32(10): 1509-1513.

[20] 庞佑霞, 李彬, 刘厚才. 低冲蚀角下40Cr冲蚀与空蚀耦合磨损特性研究[J]. 机械科学与技术, 2016, 35(3): 408-413.

[21] 朱宗铭, 庞佑霞, 梁亮, 等. 含沙水流绝对速度对冲蚀、空蚀交互磨损的影响[J]. 机械设计与研究, 2013, 29(5): 107-111.

[22] 唐勇, 朱宗铭, 庞佑霞, 等. 冲蚀和空蚀交互磨损及其影响因素研究[J]. 水力发电学报, 2012, 31(5): 272-277.

[23] LIANG Liang, PANG Youxia, TANG Yong, et al. Effect of cavitation sources on erosion and cavitation combined wears[J]. Journal of the Balkan Tribological Association, 2015, 21(3): 557-567.

第6章 流体机械减摩抗磨技术

6.1 流体机械磨蚀现有的修复技术

流体机械的防护与修复一直是个难题，过流部件的破坏直接影响设备运行效率，尤其对转轮（叶轮）冲蚀与空蚀交互磨损的防护和修复尤为重要。解决高速含沙水流条件下流体机械的磨损问题有两个主要途径，其一是结构优化设计，基于流体动力学理论，改变过流部件的线性和曲面，改变空蚀形成条件，减少磨损；其二是材料与表面处理，即从材料学和摩擦学理论出发，选择高抗空蚀、冲蚀磨损的过流部件材料，采用表面涂层，表面强化或表面耐磨结构等方法，提高耐磨性。与结构优化设计相比，材料与表面处理技术是目前对流体机械磨蚀防护与修复适用、快捷、有效的方法。

6.1.1 耐磨材料的应用

我国不同水域水轮机过流部件使用的材料中，具有代表性的有早期的普通碳钢（如35、45、55 等）、低合金钢（如20SiMn、Cr5Cu）、普通不锈钢（如0Cr18Ni9Ti、1Cr18Ni9Ti）和高强度不锈钢（如0Cr13Ni4Mo、0Cr13Ni5Mo，0Cr13Ni6Mo）等，最近还有 ZG00Cr16Ni5Mo。近几年也开始使用国外材料，如：ASTM A743（CA6NM）、ASTMA487（CA6NM）、ASTM A240（S41050）等。从目前所使用的国产材料的化学成分和机械性能来看，已经与国外认为非常优良的适合泥沙河流水轮机应用的材料非常接近。但是，包括国外进口材料在内，到目前为止，都不同程度地存在着耐磨性差的问题，也就是说，没有任何一种钢材能够达到水轮机过流部件理想的使用要求[1]。

加拿大安大略发电公司基于快速成型法开发的一项新技术可以准确、快速地修复转轮叶片空蚀部位的方法。采用三维建模软件，从孔隙周边未受损的外围开始扫描，根据近似的和外围扫描数据，可以近似地得出嵌衬的外表面轮廓，进而选择合适的材料，采用铸造或数控加工技术制造成实际的部件[2]。

因此，在开发新材料的基础上，进行材料优化，针对不同河流和水电厂的特殊情况，选择适合我国水头变幅大、泥沙含量高等特点的水轮机过流部件材料，是十分必要的。

6.1.2 表面保护技术的应用

在实际操作中，仅仅依靠材料本身的性能来达到抗磨蚀的目的有很大的局限性，也不经济。人们通过对材料的表面进行处理以提高局部性能从而达到使用性能要求。在目前多种多样的表面处理技术中，按对表面的处理方式大致可以分为两大类：一类是通过喷涂、激光涂覆、喷焊等方法在原材料表面上附着一层其他金属或非金属材料，这种表面处理存在着较多缺点，例如，附着层与母材的结合力根据附着方式有很大的不同，结合力较弱者，因附着层可以在运行后很短时间内脱落，反而加剧了磨蚀程度，同时存在着变形、残余应力等工艺上的问题。第二类是通过感应淬火对表面进行复合改性，依靠本身质变强化而获得高强度、高硬度和足够的韧性，使之成为"强韧兼备"的特殊材料。这类方式的表面处理可以避免外加附着层的剥落和工艺的问题，已越来越受到重视[3]。

（1）表面保护层

许多电厂和水电研究人员致力于对水轮机过流部件抗磨蚀防护材料的研制工作，对过流部件表面进行涂覆保护是一项投资少、效益好的措施。近十年来，大致研制出两大类表面抗磨蚀保护材料。

1）涂层材料。这类材料无须热源，可直接进行大面积的涂层保护，主要有复合树脂涂层，环氧金刚沙浆涂层，在二江电厂及三门峡电厂都获得成功的应用。在二江电厂 1 号机过流部件上涂刷复合树脂抗磨层。运行 10 000 h，脱落面积不超过 2%。近年来，环氧金刚沙浆层经不断改进工艺，已逐渐推广应用于导叶、支持盖、泄水锥等部件表面。但是环氧一类非金属涂料虽然有良好的抗磨性，抗空蚀能力却较差，因此用环氧等进行保护的部位应处于磨蚀破坏或仅有轻微空化的部位。陈名华等[4]研究了固化剂低分子聚酰胺、纳米 Al_2O_3 和 MoS_2 的用量对环氧树脂涂层耐冲蚀磨损性能的影响，并且用该涂层修复了磨损砂浆泵叶轮，效果明显。

2）熔覆材料。熔覆类材料呈粉末状，一般以激光、等离子弧、氧乙炔火焰等作热源，通过熔覆材料的自熔，使之形成与基材性能完全不同的表面熔覆层。该层组织致密、晶粒细小，且与基材呈冶金结合，因此结合力比涂层较强，在运行过程中不易剥落。陶瓷-金属复合物、水科院机电所研制的 SPH 系列合金粉材、甘肃工业大学研制的水轮机抗空蚀相和泥沙磨损专用合金粉末都是目前广泛使用的熔覆材料，在青铜峡水电厂、三门峡电站、四川渔子溪电站等部取得了优异的抗磨蚀效果。马光等[5]利用先进的 AC-HAVF 喷涂技术在 0Cr13Ni5Mo 不锈钢上制备了 Ni60/WC 复合涂层。涂层具有优异的耐冲蚀磨损性能，其耐磨性较基体有很大的提高，应用于水轮机叶片的修复，三个月汛期使用后涂层良好。龚在礼等[6]研究了采用不锈钢补焊技术处理过流部件的磨损问题，分别提出了转轮上冠靠叶片背面根部磨损处理方法以及尾水锥管上补气管根部空蚀区的处理方法。黄育敏等[7]详细介绍了水轮机修复的几种常用基本方法，都是针对空蚀磨损使用熔覆材料进行表面保护。李小亚等[8]采用钨极氩弧焊（TIG）堆焊同种材料修复镍铝青铜螺旋桨，发现可有效改善螺旋桨的耐磨蚀性能，堆焊层不会发生优先空蚀腐蚀破坏。

在对工件进行大面积熔覆抗磨蚀材料时也存在一些工艺上值得注意的问题。熔覆层材料的厚度的变化及表面氧化状态等都与工艺参数有关，必须根据基材材料、表面处理状况，工件形状、面积大小等及时调整工艺参数，否则易出现局部起球、露底、表面不平等缺陷，此外，无论是手工喷焊或是激光涂覆等方式都会有变形或裂纹问题存在，那是因为熔覆材料的线膨胀系数与母材有差别，在熔覆层中残余应力也较大，在局部应力集中处出现微小裂纹，变形也就无法避免。若调整熔覆材料的线胀系数或选择与熔覆材料系较为接近的母材，都可望解决变形或裂纹问题。

（2）表面强化技术

表面强化技术（包括感应强化、激光强化、等离子强化、火焰强化和整体强化）不同于一般在叶片表面堆焊耐磨材料和非金属复合材料防护的外来材料保护，它是指人为地从外界施加于金属材料某一局部（如表层），引起该部位金属内在因素的改变而导致各种性能的变化。

1）感应强化。青铜峡电站、巴家嘴电站、河底岗电站等在低碳马氏体不锈钢水轮机叶片上采用了感应强化工艺，都表现出了良好的抗空蚀磨损性能。该工艺是针对 ZG0Crl3Ni4Mo 低碳马氏体不锈钢水轮机叶片，感应加热至 1 000 ℃，水淬后 250 ℃回火处理，获得超细回火马氏体组织强化层（2～6 mm）。强化层的 σ_b>1 200 MPa，硬度>40HRC，这种不锈钢经强化后抗空蚀磨损性能比常规热处理提高了 3 倍以上。

2）激光强化。用强大功率的激光扫射某种合金钢表层，在该表层瞬间升温达到熔点之后又急剧降温，降温速度达到 103 ℃/s 时，该层熔融金属丧失了生核结晶的条件而成为非晶态，而该层非晶质合金具有异常的耐磨性与极高的硬度。当升温和降温条件次于上述条件时，该表层金属可呈现微晶状态。

6.2　微/纳米抗磨涂层研制

6.2.1　涂层概述

对材料来说，约 80%的零件失效是磨损引起的。因此磨损不仅消耗能源和花费材料，而且由于磨损而更换零件时修理、停工所消耗的人力和物力以及降低劳动生产率就更严重了。此外，零件磨损还会使产品质量降低，甚至造成设备与人身事故，限制了工业向现代化与自动化方向的发展。最常见的磨损分类方法，是按机理来分类，一般可分为[2]：黏着磨损、磨料磨损、腐蚀磨损、疲劳磨损、冲蚀磨损、微动磨损和冲击磨损。前四种的磨损机理是各不相同的，但后三种磨损机理常与前四种有类似之处或为前四种机理中几种机理的复合。工作于浆体冲蚀磨损工况的零部件包括水轮机叶片、造纸磨浆机磨盘、选矿机部件、泥浆泵等过流部件。这些零件既不断地运动、转动，承受着不同固体介质的冲击和磨损同时还抵抗着液体介质的腐蚀。

当前，该类工业产品部件多采用金属材料制作，为了满足工作环境的要求，材料的选择极为严格，同时工作表面尚需经过复杂的工艺处理，结果不但造成工件的高额成本，而且浪费了原材料和能源，这种结果是不能令人满意的。如何提高零件在浆体冲蚀磨损工况下的使用寿命是摆在我们面前的难题之一。

高分子基耐磨复合涂层则主要是针对保护过流部件的工作表面而研究开发的。高分子树脂材料具有极优异的耐酸、耐碱腐蚀的特性。以这种材料为基体，添加陶瓷颗粒而制成的复合材料，更具备了优异的耐冲蚀磨损性能。将其作为耐磨涂层材料应用于各类过流部件的表面，其涂敷工艺简单，成本低廉，无热影响区及变形。这种复合材料除了可用于零件表面耐腐蚀、耐磨损的预置涂层及零件腐蚀磨损表面的修复之外，还广泛用于修补工件上的各种缺陷如裂纹、划伤、尺寸超差及铸造缺陷等，其应用前景十分广阔。另外，国外许多部门在耐磨复合涂层方面作了许多研究并取得了较满意的成果。如美国的高分子修补剂、工业修补剂，德国及瑞士的系列涂层产品已进入中国市场并在许多领域得到了应用。但国内在这方面的研究才刚起步。

6.2.2　涂层的制备

（1）涂层结构

复合涂层由以下三个部分组成：黏结底层、过渡层以及微/纳米抗磨蚀橡胶层，其结构如图 6-1 所示。其中黏性底层由环氧树脂、固化剂和矿石粉按不同比例配制成；过渡层由合成橡胶、固化剂和矿石粉的不同重量配制成三种过渡层，分次涂刷，三层涂敷时间间隔以前层粘手、但不带起胶液再涂后层为好；微/纳米抗磨蚀橡胶层由聚氨酯胶和固化剂组成，并在胶液中按比例和级配加入超硬微/纳米颗粒改善其抗蚀性能。

（2）涂层试验方案

在复合涂层中，各层组分含量对涂层的耐磨性能都会产生影响，因此主要考虑的因素为：黏性底层中环氧树脂的含量、固化剂含量、抗磨蚀橡胶层中微/纳米颗粒的种类和含量以及聚氨酯胶含量，其中含量均为质量分数，但没有考虑各因素之间的交互作用。黏性底层中矿石粉含量=100%–（环氧树脂的含量+固化剂含量），抗磨蚀橡胶层中固化剂含量=100%–（聚氨酯胶含量+微/纳米颗粒含量），而过渡层则根据黏性底层的环氧树脂含量和抗磨蚀橡胶层的聚氨酯胶含量配制成不同比例胶液，分三次涂刷。正交试验的因素及水平见表 6-1，通过正交设计方法得到 L_{16}（4×5）正交表，按此表进行试验安排，得到表 6-2 的具体试验方案。

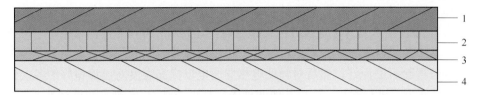

图 6-1　涂层结构示意图

1. 微纳米抗磨蚀橡胶层　2. 过渡层　3. 黏接底层　4. 金属母体

表 6-1　正交试验设计的因素和水平

水平	因素				
	环氧树脂含量（A）（%）	固化剂含量（B）（%）	微/纳米颗粒种类（C）	微/纳米颗粒含量（D）（%）	聚氨酯胶含量（E）（%）
1	40	20	Al_2O_3	10	70
2	45	25	SiO_2	11	75
3	50	30	SiC	12	80
4	55	35	石墨	13	85

表 6-2　正交试验方案

试验编号	环氧树脂含量（A）（%）	固化剂含量（B）（%）	微/纳米颗粒种类（C）	微/纳米颗粒含量（D）（%）	聚氨酯合成橡胶含量（E）（%）
1	40	20	Al_2O_3	10	70
2	40	25	SiO_2	11	75
3	40	30	SiC	12	80
4	40	35	石墨	13	85
5	45	20	SiO_2	12	85
6	45	25	Al_2O_3	13	80
7	45	30	石墨	10	75
8	45	35	SiC	11	70
9	50	20	SiC	13	75
10	50	25	石墨	12	70
11	50	30	Al_2O_3	11	85
12	50	35	SiO_2	10	80
13	55	20	石墨	11	80
14	55	25	SiC	10	85
15	55	30	SiO_2	13	70
16	55	35	Al_2O_3	12	75

6.2.3 涂层耐冲蚀磨损性能

（1）试验方案

1）试验材料

为研究微/纳米复合涂层抗冲蚀磨损性能，选用 45 钢作为基体材料，涂覆该涂层，其中各层在配方后分层涂刷，层与层之间涂敷时间间隔以前层粘手、但不带起胶液再涂后层为好，然后对辅助电热层通电以提高温度对已涂覆好的各层进行固化。并为了进行对比，选用其他四种表面处理方法对 45 钢表面进行处理，试件编号、处理方法以及性能如表 6-3 所示[9]。

表 6-3　5 种不同表面处理方法及处理后试件性能

No.	表面处理方法	数量	硬度 HRC	密度/（g/cm³）
1	堆焊 WC 管状焊条	1	63～66	12.69
2	胎体粉末	1	33～35	12.74
3	渗碳、淬火	2	30～33	7.87
4	微/纳米复合材料	2	—	1.13
5	刷镀	2	23～28	8.85

2）试验设备及试验参数

微/纳米复合涂层抗冲蚀磨损试验在转盘式磨损试验装置[9]上进行，其试验参数如下所示：

含沙量：0.3%（重量含量），沙粒直径：0.2 mm<d<0.3 mm；

由冲蚀速度：30 m/s；冲蚀角度：30°，得：

转速为：

$$n = \frac{60 \times 1\,000 \times 30 \times \cos 30}{2 \times 3.141\,56 \times 150} = 1\,654 (\text{r/min})$$

流量为：

$$L = 4\pi r^2 30 \sin 30 = 4 \times 3.14 \times \left(\frac{3}{2\,000}\right)^2 \times 30 \times \sin 30 =$$

$$423.9 \times 10^{-6} (\text{m}^3/\text{s}) = 1.526 (\text{m}^3/\text{h})$$

3）测量方法及仪器

冲蚀磨损时间为 35 h，每 5 h 进行一次试样观察和称重，冲蚀磨损 35 h 后进行微观表面观察和分析。称重仪器：AB304-S 电子秤，精度 0.1 mg。扫描电子显微镜：KYKY-2800。

（2）涂层耐冲蚀磨损性能

1）质量损失

不同表面处理后的试件经过 35 h 冲蚀试验后，冲蚀时间与单位面积磨损量曲线如图 6-2 所示。

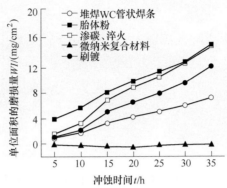

图 6-2 不同试件 35 h 冲蚀时间与单位面积磨损量关系

从图 6-2 中可以看出：除微/纳米复合材料试样外，其他试样的磨损量都是随着冲蚀磨损时间的增加而增加，冲蚀过程中所有试件的质量变化规律基本相同，分为磨合期、磨损期、稳定磨损期三个过程。

在冲蚀 10 h 之前，磨损曲线一般在冲蚀的磨合期中，因为新试件的摩擦表面具有一定的粗糙度，实际接触面积小，在一定的冲击载荷下，表面逐渐磨平，实际接触面积逐渐增大，磨损速度由快逐渐减缓，处于跑合阶段，材料磨损率较大。在冲蚀 10 h 以后，试样进入磨损期，材料的冲蚀磨损率比较大，这是由于表面处理工艺导致表面处理材料与基体的结合强度低所致。在冲蚀 15 h 以后，试样进入了稳定磨损期，材料的磨损率比较稳定，但刷镀试样从 30 h 开始进入了严重磨损期，磨损率急剧增加。

微/纳米复合材料试样的磨损曲线在冲蚀前 20 h 内重量是增大的，这可能是高分子材料在冲蚀力与瞬时高温的作用下，与水发生了化学反应产生结晶所致，具体原因有待于进一步的试验检测与分析。冲蚀 20 h 以后重量随着时间的增加而减小，从 SEM 照片分析，表面有冲蚀坑和微裂纹，其总磨损量很小，该材料抗冲蚀性能好。

综上所述，微/纳米复合材料试样的抗冲蚀磨损性能最好，堆焊 WC 管状焊条试样与刷镀试样次之，而渗碳、淬火和胎体粉试样的抗冲蚀磨损性能最差。

2）表面形貌分析

不同表面处理方法试件在冲蚀磨损 35 h 后试件表面的 SEM 结果如图 6-3～图 6-7 所示。

从图 6-3 可以看出，堆焊 WC 管状焊条试样表面为圆形 WC 层，磨损主要表现为 WC 颗粒被含沙水流冲掉，形成许多块状的 WC 层，但是由于 WC 层较厚，基本还没磨到基材。

图 6-3　堆焊 WC 管状焊条试件 SEM（×500）

从图 6-4 可以看出，胎体粉试样表层主要为疲劳磨损，胎体粉出现了大面积的剥落，露出金属基材，因此 35 h 后的磨损主要是金属基材的磨损。

图 6-4　胎体粉试件冲蚀磨损 SEM（×1 000）

从图 6-5 可以看出，渗碳、淬火试样表面划痕沟槽较深。因为在磨粒的反复冲击挤压下，材料表面产生塑性变形，并经多次的辗压而形成片状变形层，在层的边缘开裂、翻边，形成凹坑及凸起的唇片，继而裂纹扩展连接形成磨屑，磨损严重。

从图 6-6 可以看出，微/纳米复合材料试件涂层表面出现了沿冲蚀方向的犁沟，但磨损并不严重，图中白色颗粒为磨损掉落的涂层颗粒，但其表面的裂纹不是磨损所致，而可能是涂层各层之间结合不紧密所形成的。在冲蚀磨损工况下，磨粒对复合涂层的破坏主要是由冲击作用造成的。当基体内蓄积的弹性变形能量达到一定程度时，若产生的应力超过了材料的断裂极限，就会发生切削，若产生的应力超过了材料的塑性极限而低于材料的断裂极限，则会形成裂纹而导致材料破坏。

微/纳米复合涂层之所以能有效抗冲蚀磨损,其主要原因是微/纳米抗磨蚀橡胶层中的聚氨酯弹性体能有效缓冲冲击作用。另外,研究结果表明,在聚氨酯弹性体中加入微/纳米颗粒后形成了较强的键合作用,能有效传递应力和吸收冲击能。

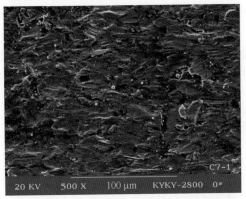

图 6-5　渗碳、淬火试件冲蚀磨损 SEM（×500）

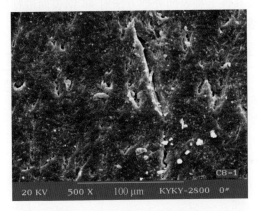

图 6-6　微/纳米复合涂层试件冲蚀磨损 SEM（×500）

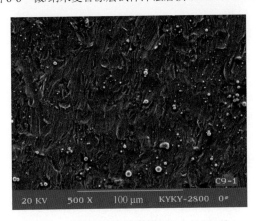

图 6-7　刷镀试件冲蚀磨损 SEM（×500）

从图 6-7 可以看出，刷镀试件的磨损情况，在磨粒的冲击和微切削作用下，刷镀层产生了与冲蚀方向一致的短程犁沟，呈现出波浪似的折皱，其中伴有微坑。其冲蚀磨损机理主要为犁沟切削，但磨损比较严重。

通过对涂层耐冲蚀磨损的性能分析可以发现：① 微/纳米复合材料试样的抗冲蚀磨损性能最好，堆焊 WC 管状焊条试样与刷镀试样次之，而渗碳、淬火和胎体粉试样的抗冲蚀磨损性能最差；② 微/纳米抗磨蚀橡胶层中的聚氨酯弹性体能有效缓冲磨粒的冲击作用，因此耐冲蚀磨损性能最好，而其他几种表面处理方法的磨损均比较严重。

6.2.4 涂层耐空蚀磨损性能[10]

（1）试验方案

1）试验材料

为研究微/纳米复合涂层耐空蚀性能，选用 45 钢作为基体材料，涂覆该涂层；为了进行对比，选用其他五种表面处理方法对 45 钢表面进行处理，试件编号、处理方法以及性能如表 6-4 所示。

表 6-4 6 种不同表面处理方法及处理后试件性能

编号	表面处理材料	数量	热处理状态	密度/（g/cm³）	硬度 HRC
1	未处理	2	渗碳，淬火、回火	7.87	57～60
2	未处理	2	淬火、回火	7.87	32～37
3	Ni65	2	淬火、回火	7.5	58～61
4	Ni67	2	淬火、回火	7.5	55～58
5	刷镀 Ni 基合金	2	淬火、回火	8.85	24～27
6	微/纳米复合涂层	2	—	1.13	—

2）试验设备及参数

微/纳米复合涂层抗空蚀磨损试验在转盘式磨损试验装置上进行，空蚀试件如图 6-8 所示。其试验参数为：电动机转速：3 000 r/min；转盘室压力：0.1 MPa。

3）测量方法及仪器

空蚀磨损时间为 30 h，每 5 h 进行一次试样观察和称重；空蚀磨损 30 h 完成后，进行微观表面观察和分析。称重仪器：AB304-S 电子秤，精度 0.1 mg。扫描电子显微镜型号为：KYKY-2800。

（2）涂层耐空蚀磨损性能

1）质量损失

不同表面处理后的试件经过 30 h 空蚀试验后，空蚀时间与磨损量曲线如图 6-9 所示。其中编号 5 的试件中 1 个试样在运送过程中与基体脱落，无法进行空蚀磨损试验，另 1 个试样在空蚀 4 h 与基体脱落，说明其表面材料与基体金属材料间的黏结力较差，抗空蚀磨损性能较其他几种试件要差得多。

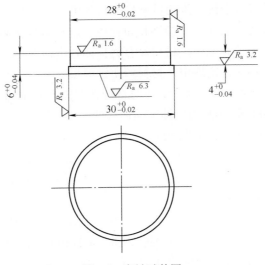

图 6-8　空蚀试件图

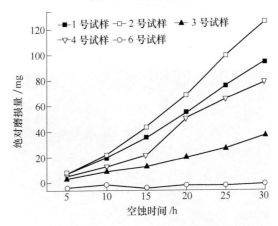

图 6-9　空蚀磨损时间与绝对磨损量关系曲线

从图 6-9 可知，五种材料的磨损量都是随着空蚀磨损时间的增加而增加，但在相同的试验条件和空蚀时间下，2 号样试样的抗空蚀磨损性能最差，空蚀 30 h 后磨损量为 127.3 mg，随着空蚀时间的延长，其空蚀磨损量明显加大，曲线陡斜；其次为 1 号样和 4 号样，其中 4 号样的抗空蚀性能好于 1 号样；金属材料试样中抗空蚀磨损性能最好的为 3 号试样，总磨损量为 37.6 mg，只是 2 号试样材料的 1/3，磨损很轻微，其空蚀磨损量变化较小，曲线较为平缓。这表明，3 号材料的抗空蚀性能显著高于 2 号样材料。

抗空蚀磨损性能最好的为 6 号试件的微/纳米复合涂层试样，并且该试样在空蚀过程中磨损量出现了波动性，试样的磨损曲线在空蚀前 15 h 内重量是增大的，这可能是高分子材料在高应力与瞬时高温的作用下，与水发生了化学反应产生结晶所致，具体原因有待于进一步的试验检测与分析。

从图 6-9 中还可以看出，空蚀磨损量曲线一般分为孕育期、上升期、衰减期和稳定期。在空蚀的孕育期中，材料没有磨损或者磨损很小；空蚀上升期中，材料的空蚀磨损率增加在稳定期中，材料的空蚀磨损率基本不变；空蚀衰减期中，材料的空蚀磨损率逐渐减小。1 号、2 号试样在空蚀磨损 10 h 前，处于空蚀的孕育期；空蚀磨损 10 h 至 30 h 为空蚀磨损曲线的第 2 阶段上升期，磨损量很大，这表明 1 号、2 号试样的抗空蚀性能较差；而 3 号与 4 号试样空蚀磨损 15 h 还在孕育期，空蚀磨损 15 h 后为磨损的上升期，4 号试样最大磨损量为 79.3 mg，相比之下，4 号材料抗空蚀性能比 1 号、2 号试样好，但明显比 3 号试样差。

2）表面形貌分析

不同表面处理方法试件在空蚀磨损 30 h 后试件表面的 SEM 结果如图 6-10～图 6-14 所示。图中依次为 1 号、2 号、3 号、4 号和 6 号试件空蚀磨损试验 30 h 与后的表面形貌 SEM 照片（500 倍），经能谱分析，1-4 号试件表面上都存在的大小不一的圆形铁元素结晶体，因为空蚀磨损是一种疲劳磨损，在微射流的高速冲击下，材料可近似认为承受绝热压缩过程，局部温度会大幅度上升，表层和亚表层氧化形成了氧化铁晶体。

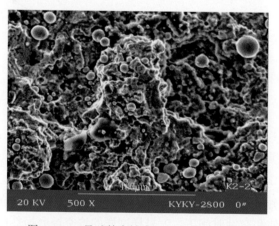

图 6-10　1 号试件空蚀磨损 SEM（×500）

从图 6-10 可以看出，1 号试件表面变得很粗糙并有许多小孔，而且在表面存在较深的凹坑和一些微裂纹，在大凹坑内壁上突起上微裂缝密集而且粗大，坑的内壁存在粗糙而又宽大的断裂截面，材料的表层和亚表层已被磨损。

在图 6-11 可以看出，2 号试样表面有大而深的疲劳坑。虽然表面硬度比较高，由于其韧性比较差，在高压水流的反复冲击下，容易产生塑性堆积、疲劳剥落和裂纹，磨损量很大，试样已经疲劳失效。

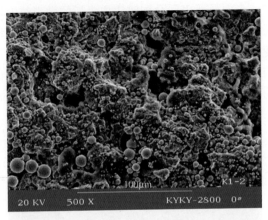

图 6-11　2 号试件空蚀磨损 SEM（×500）

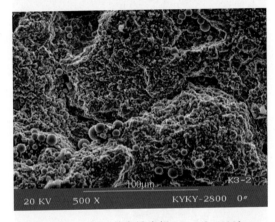

图 6-12　3 号试件空蚀磨损 SEM（×500）

从图 6-12 可以看出，3 号试样表面磨损轻微，表面有针眼和小凹坑，磨损机理主要是疲劳损伤和塑性变形，而表面存在的粗糙而又宽大的断裂截面可能是由于材料本身的缺陷所致。

从图 6-13 可以看出，4 号试样表面同样存在着疲劳裂纹和剥落坑，但剥落坑比 3 号试样表面的要大和深，其磨损机理与以上相似，磨损较严重。

从图 6-14 可以看到，6 号试件表面没有变得粗糙，也没有出现针眼和小凹坑，其表面出现的凹陷是涂层材料发生疲劳磨损所致，但可以看出磨损只发生在涂层上，而并没有影响到金属基体材料。

通过对涂层耐空蚀性能的分析可以发现，涂覆微/纳米复合涂层的试样抗空蚀磨损性能最好，空蚀磨损量曲线均分为孕育期、上升期、衰减期和稳定期。所研究的几种试样的空蚀磨损机理基本相同，主要是在微射流的反复冲击下，产生塑性变形、疲劳凹坑和坑边缘的塑性堆积，甚至发生熔化现象，而产生材料流失。当材料发生空蚀时，表面及亚表面会同时生成大量的微裂纹，在气泡溃灭所产生微射流的冲击下，各自扩展。一些垂直于表面的裂纹，在向材料深处扩展时，由于应力状态的改变，裂纹会出现分叉，这些微裂纹扩展一个或几个晶粒后，就会相交，造成材料的剥落，裂纹的扩展一般是穿晶型的，有时在材料受空蚀的表面可见类似疲劳纹的裂纹扩展痕迹，裂纹扩展的驱动力是微射流的冲击力。

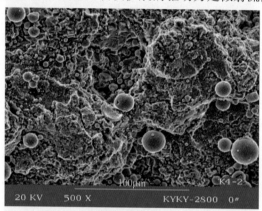

图 6-13　4 号试件空蚀磨损 SEM（×500）

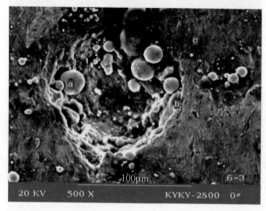

图 6-14　6 号试件空蚀磨损 30 h 后 SEM（×500）

6.3　自润滑减摩复合材料研制

6.3.1　自润滑复合材料概述

（1）自润滑材料的概念

固体润滑材料（也称自润滑材料）是针对液体润滑剂所固有的承载能力不高，

润滑油膜易破坏，高温下易失去润滑能力的缺点，不能满足工农业生产发展的需求而产生的。早在第二次世界大战末期，国外就开始了固体润滑的研究，特别是在美、日、英等国投入大量的人力物力开展固体润滑材料的基础理论和应用的研究，固体润滑材料也因此得到了飞速的发展和日益广泛的应用。随着机械设备向高温、高压、高速和高精度方向的发展，特别是航空航天技术的快速发展的需要，固体润滑材料在润滑领域的地位显得越来越重要。

（2）自润滑材料的种类

目前使用的固体润滑材料的种类很多，按基本原料来分，一般可分为以下几类：

1）软金属类固体润滑材料，如：铅、锡、锌、金和银等。

2）金属化合物类固体润滑材料，如：金属硫化物二硫化钼、二硫化钨等。

3）无机物类固体润滑材料，如：具有片状晶体结构的石墨、氟化石墨等。

4）有机物类固体润滑材料，如：各种高聚物；聚四氟乙烯、聚乙烯、尼龙、聚甲醛等。

由于高聚物材料的原料来源广泛、制造方便、成本低廉，以及近几十年来合成技术的不断发展，使得高聚物在固体润滑领域的发展最快。尤其是聚四氟乙烯因具有极优的自润滑性，与钢对磨时摩擦因数一般仅在 0.04～0.10 之间，是高分子材料中摩擦因数最低的，因此其一出现就受到了固体润滑领域的极大关注并迅速得到了广泛的应用。

（3）聚四氟乙烯的概述

1）聚四氟乙烯的性质

聚四氟乙烯（以下简称 PTFE）是美国科学家 R. J. Plunkett 于 1938 年首先研制而成，其是一种结晶性高分子聚合物，一般为乳白色、不透明的光滑蜡状物，平均吸水率<0.02%，平均密度为 2.20 g/cm^3。

一般 PTFE 制品的结晶度为 55%～75%，其聚集态是由结晶薄片与无序非晶相间的带状结晶构成的聚集体（结构模型如图 6-15 所示）。其结晶区与非晶区之

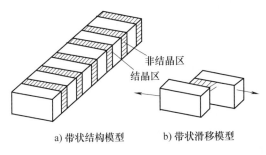

a) 带状结构模型　　　b) 带状滑移模型

图 6-15　PTFE 的结晶结构模型

间的作用力很弱，在切应力的作用下，其两相间容易产生滑移，表现出极低的摩擦因数。但在摩擦作用下，其带状结构容易破坏，使得其耐磨性又极差。

PTFE 的碳键两侧是具有极强负电性的氟原子，形成了稳定的碳—氟键，其键能为 107 kCal/mol，比碳—碳键 58.6 kCal/mol 高 1 倍。所以 PTFE 呈现出极高的热稳定性和耐化学腐蚀性，其即使在 360 ℃的高温下暴露 10 h 也不会发生明显的变质或分解，在–180～250 ℃的宽广范围内仍可保持其较好的自润滑性和韧性。它是目前已知的耐腐蚀性最好的高分子聚合物，在 300 ℃以下其不溶入几乎所有的溶剂，只有在高温场合下的几种氟化物（如：ClF_3，OF_2）对其有侵蚀作用，故有"塑料王"之称。PTFE 也不受气候变化的影响，在各种气候条件下即使暴露十年其性能也不会出现明显的下降。

PTFE 的机械强度很低，有明显的冷流性——制品在长时间连续载荷作用下会发生可塑变形（即蠕变），其绝大部分的蠕变是在加载后 24 h 内发生，随后变形量锐减，去掉负荷也很难恢复，呈现塑性变形。其抗压强度只有 12 MPa 左右，抗拉强度也只有大约 25 MPa，弹性模量约为 350 MPa，断裂伸长率却有 300%～400%。其导热性也不佳，仅为 0.336 W/（m・K）。PTFE 的熔点为 327 ℃，分解温度为 390 ℃。

2）聚四氟乙烯（PTFE）的改性

PTFE 具有极优的自润滑，耐腐蚀和热稳定性，是最具发展和应用前景的固体润滑材料之一。但其极差的耐磨性、易蠕变和导热性不佳，又极大地阻碍了它的应用。为了对其改性，以提高其耐磨性、抗蠕变能力和导热性，国内外学者都曾比较成功地用添加填料的方法改性 PTFE，并对改性的 PTFE 复合材料的性能及填料对 PTFE 的改性机理，特别是 PTFE 基复合材料的摩擦磨损性能及减摩机理进行过大量的研究。可改性 PTFE 的填料很多，按填料的性质，大致可分为以下三类：

第 1 类是具有层状结构的填料如石墨、二硫化钼、二硫化钨等，其原因是石墨、二硫化钼等具有层状结构的填料与 PTFE 聚合物之间存在"固体溶剂效应"，其相应地会使 PTFE 连续相呈准连续状态，而具有层状结构的物质的剪切强度一般都很低，因此其可促进 PTFE 基体在摩擦过程中的转移，从而可进一步改善 PTFE 的自润滑性。因此此类层状填料填充的 PTFE 复合材料依然具有极优的自润滑性，摩擦因数很低，物理力学性能也得到了一定的改善，但其抗压强度一般在 20 MPa 以下，耐磨性也不够理想。

第 2 类是不具层状结构的无机物或金属（氧化物）如：玻璃纤维、青铜粉、石棉、Al_2O_3 等。此类非层状无机物或金属填充的 PTFE 复合材料可得到很好的耐磨性，但摩擦因数普遍偏高（一般都在 0.25 以上）。此类的填料均可提高 PTFE 的强度，阻止 PTFE 基体的带状滑移和破坏，进而可极大地提高 PTFE 的耐磨性，但其也一定程度地破坏了 PTFE 的自润滑性。因此其填充的 PTFE 复合材料具有较好的耐磨性，同时导热性、力学强度抗蠕变能力也得到了改善，但其摩擦因数却有些偏高。

第 3 类是高分子聚合物类填料如：尼龙、聚苯硫醚等。由于高分子聚合物一般都具有较好的自润滑性，且它们的耐磨性和强度都比 PTFE 高，所以其填充的 PTFE 复合材料（也称高分子合金或聚合物共混物）一般都有较好的自润滑性，耐磨性和抗蠕变能力也比纯 PTFE 有所提高。但一般高聚物的导热性均很差，强度也较低，所以它们填充的 PTFE 复合材料的导热性仍很差，抗蠕变能力和耐磨性得到了提高但仍不太理想。

可见，填充的 PTFE 复合材料的耐磨性均比纯 PTFE 的高，只是填充不同的填料对 PTFE 的耐磨性的提高程度有所不同。因此，填料的选择对提高 PTFE 复合材料的摩擦学性能是至关重要的。

3）聚四氟乙烯（PTFE）基复合材料的应用

通过添加填料改性 PTFE，一般都可较好地提高 PTFE 的耐磨性、抗蠕变能力以及改善其导热性，同时也可保持 PTFE 的自润滑、耐腐蚀和热稳定等一系列优点。因此其作为固体润滑材料和密封材料在现代生产中得到了广泛的应用，现已成为国民生产中几乎所有部门不可缺少的重要材料之一。

利用 PTFE 优良的自润滑性，已经成功地将填充的 PTFE 复合材料制成活塞环、密封环等零部件，并在很多机械设备特别是压缩机上得到了很好的应用。如利用填充的 PTFE 复合材料代替金属作为活塞环应用于 300 kg 空气锤，可提高空气锤的密封性，延长缸体和活塞环的寿命，达到了很好的社会经济效益。用填充改性的 PTFE 代替原来的粉末冶金材质的填料，在石油气压缩机上的应用，发现其可增强压缩机的可靠性，减少压缩机的维护工作量，经济效益十分显著，并初步计算每台压缩机每年可节约开支 2 万元以上。将填充的 PTFE 复合材料制成无油润滑轴承、镶嵌轴承，修复机床导轨，以及用聚四氟乙烯软带贴面法修复 BQ2020 6 m 龙门刨导轨，都获得了极好的社会经济效益。

此外，还有利用 PTFE 的耐腐蚀性和热稳定性，将其制成各种化工仪器设备上使用的密封圈、密封垫片等，也都得到了较满意的应用效果。

6.3.2　聚对羟基苯甲酸酯–聚四氟乙烯–石墨（简称 Ekonol–PTFE–石墨）自润滑复合材料

（1）聚对羟基苯甲酸酯的选用[11]

聚对羟基苯甲酸酯（简称聚苯酯，国外商品号为 Ekonol，以下简称 Ekonol）是 1967 年美国金刚砂公司首先研制而成，在国内早已由化工部晨光化工研究所首先合制而成，是一种芳香族高结晶体的耐热聚合物，在同等条件下，聚苯酯与聚四氟乙烯、聚酰胺、聚碳酸酯等高分子材料相比，其耐磨性最好且还具有一个突出的优良性能就是对所有的金属对磨件几乎没有什么磨蚀作用；同时还具有优良的自润滑性、热稳定性（热稳定温度可达 300 ℃以上）、导热性（为一般聚合物的 3～5 倍）和耐有机溶剂，线胀系数小（仅为 $6.12 \times 10^{-5} \ ℃^{-1}$，而 PTFE 的为 $13.2 \times 10^{-5} \ ℃^{-1}$），且从室温到 300 ℃范围内几乎呈线性等特性。其不足之处就是脆性较大。

Ekonol 由于具有几乎同金属一样的极高的强度（但却太脆，断后伸长率几乎为 0）、极优的耐磨性和良好的导热性（约为一般聚合物的 3～5 倍），还具有良好的自润滑、耐腐蚀和耐高温等一系列优点。其填充的 PTFE 既可保持两者共有的自润滑、耐热、耐腐蚀等一系列优点，又可在性能上互补，克服 PTFE 的不耐磨、易蠕变、导热性和 Ekonol 的脆性，得到一种综合性能优良的 PTFE 复合材料。因此 Ekonol 被认为是改性 PTFE 的最具发展和应用前景的填料之一。

Ekonol 具有极优的耐磨损、抗蠕变和导热性，同时还具有良好的自润、耐腐蚀、耐高温性等一系列优良特性，与 PTFE 的性能可形成良好的互补。Ekonol 填充的 PTFE 既可保持两者共有的自润滑、耐热、耐腐蚀等优点，又可在性能上互补，克服 PTFE 的易蠕变、不耐磨、导热性不佳和 Ekonol 的脆性，得到了一种综合性能优良的自润滑复合材料。

（2）石墨的选用

石墨也是一种具有极优自润滑性的材料，用其填充 PTFE，可以提高 PTFE 的耐磨性，改善 PTFE 的机械强度和导热性，而且还可以进一步提高 PTFE 的自润滑性，降低 PTFE 的摩擦因数。

（3）Ekonol-PTFE-石墨自润滑复合材料的提出[11]

因此，用 Ekonol 和石墨来共同改性 PTFE，有望能够得到一种综合性能更加优良，能满足工业泵轴封填料材料要求的新型自润滑复合材料，并有望能够解决工业泵使用油浸石棉填料时所存在的问题。可见，对 Ekonol 和石墨填充的 PTFE 的组成、制备工艺、摩擦磨损性能及机理进行系统的研究，不仅具有重大的理论意义而且还具有极大的实用价值。

6.3.3　Ekonol–PTFE–石墨自润滑复合材料的制备

（1）试验所用原材料及准备

PTFE：上海电化厂提供，过 180 目的工业纯粉末，密度为 2.17 g/cm³。

Ekonol：晨光化工研究院提供，过 180 目工业纯粉末，密度为 1.44 g/cm³。

石墨：山东南墅石墨矿提供，过 180 目工业纯粉末，密度为 2.25 g/cm³。

三种原材料都经过重新筛选达 180 目后，放入浙江省上虞县建材仪器厂生产的 202-1 型电热恒温干燥箱中，于 50 ℃左右干燥 8 h。

（2）试样的制备过程

因为 PTFE 即使加热到熔点 327 ℃以上，也只能形成无定形的凝胶态，呈现出 $10^{11} \sim 10^{12}$ Po（1 Po=10 Pa·s）的极高熔融黏度而难以流动。因此其成型方法不能采用标准的热塑性塑料的加工方法进行，而只能采用类似"粉末冶金"那种冷压与烧结相结合的加工方法，其制备工艺过程如图 6-16 所示。

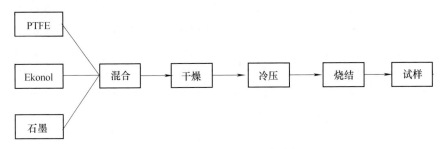

图 6-16　试样的制备工艺过程

具体过程为：将 PTFE，Ekonol、石墨三种原料按一定重量的百分比配好，外加适量的无水乙醇，放入高速搅拌机中，混合均匀后放入恒温干燥箱中，于 120 ℃左右的条件下烘干，然后把原料加入到金属模具中在压力机上徐徐加压到预定压力，保压数分钟后，连同金属模具放入 SY-6-14 型高温箱式电阻炉中自由烧结成形，最后冷却即得试样。

（3）试样的制备方案

根据正交试验设计的要求，高聚物结晶的有关理论及 PTFE 的一些性质，初步确定正交试验分析中需要研究的因素及水平如表 6-5（石墨的质量分数固定为 5%）。并由经过改造所得的 L_{18}（6×3^6）正交表安排试验方案如表 6-6 所示。

表 6-5　正交试验中的因素及水平

水平	因素				
	Ekonol 质量分数（%）	成形压力 /MPa	烧结温度 /℃	保温时间 /min	降温速度 /（℃/min）
	A	B	C	D	E
1	15	80	380	120	2
2	20	60	360	90	1
3	25	100	340	60	4
4	30				
5	35				
6	40				

表 6-6 试验方案

试样编号	Ekonol 质量分数 （%）	成形压力 /MPa	烧结温度 /℃	保温时间 /min	降温速度 /（℃/min）
	A	B	C	D	E
1	1（15）	1（80）	1（360）	1（120）	1（4）
2	1（15）	2（60）	2（380）	2（90）	2（1）
3	1（15）	3（100）	3（340）	3（60）	3（2）
4	2（20）	1（80）	1（360）	2（90）	2（1）
5	2（20）	2（60）	2（380）	3（60）	3（2）
6	2（20）	3（100）	3（340）	1（120）	1（4）
7	3（25）	1（80）	2（380）	1（120）	3（2）
8	3（25）	2（60）	3（340）	2（90）	1（4）
9	3（25）	3（100）	1（360）	3（60）	2（1）
10	4（30）	1（80）	3（340）	3（60）	2（1）
11	4（30）	2（60）	1（360）	1（120）	3（2）
12	4（30）	3（100）	2（380）	2（90）	1（4）
13	5（35）	1（80）	2（380）	3（60）	1（4）
14	5（35）	2（60）	3（340）	1（120）	2（1）
15	5（35）	3（100）	1（360）	2（90）	3（2）
16	6（40）	1（80）	3（340）	2（90）	3（2）
17	6（40）	2（60）	1（360）	3（60）	1（4）
18	6（40）	3（100）	2（380）	1（120）	2（1）

Ekonol-PTFE-石墨自润滑复合材料的配比和制备工艺为：Ekonol 质量分数为 25%，成形压力为 80 MPa，烧结温度为 380 ℃，保温时间为 60 min，降温速度为 1 ℃/min。

6.3.4 Ekonol–PTFE–石墨自润滑复合材料的物化性能

（1）Ekonol-PTFE-石墨自润滑复合材料物化性能测试方法[12]

复合材料的密度采用排水法测量。复合材料的拉伸强度、压缩强度、弹性模量在 W-E-60 型液压式万能材料试验机上按照 GB1040—2006、GB1041—2008 方法测得。

复合材料的玻璃化温度在 BSC-4 型热分析仪上测定。

耐化学腐蚀性试验是将一定重量的试样浸入表 6-7 所示的常见化学试剂中，室温放置 30 天，然后清洗并烘干，在电子秤上称出其前后重量的变化。

表 6-7　试样的耐化学腐蚀性试验所用化学试剂

化学试剂	浓度（%）	化学试剂	浓度（%）
H_2SO_4	95	NaOH	50
H_2SO_4	10	CCl_4	100
HCl	10	Na_2CO_3	2
HNO_3	60	甲醇	100
HF	55	丙酮	100
NH_4OH	28	淡水	—

（2）Ekonol-PTFE-石墨自润滑复合材料的主要物化性能

为了评价此复合材料的综合性能，现将由其摩擦学性能最优的配比和制备工艺制得的 Ekonol-PTFE-石墨自润滑复合材料（简称代号 EN_2）的一些主要物理力学性能列入下表 6-8。

从表中可以看出用 Ekonol 和石墨来改性 PTFE 所得的复合材料不仅其摩擦学性能得到了极大的改观，而且其主要物理力学性能同纯 PTFE 相比也得到了很大的改善。

由于 PTFE 和 Ekonol 都有着极好的耐化学腐蚀性，为了评价它们以及石墨经复合后制得的复合材料的耐化学腐蚀性，还将此 EN_2 复合材料分别浸入下列常见试剂中，室温放置 30 天，然后称出其前

表 6-8　EN_2 复合材料的主要物理力学性能

参数	数值
密度/（g/cm^3）	1.86
抗拉强度/MPa	12.4
抗压强度/MPa	10.5
弹性模量/MPa	9.58×10^2
热膨胀系数/（1/℃）	7.5×10^{-5}
热导率/（$W/m^2 \cdot K$）	0.68
使用温度范围/℃	$-195 \sim 300$

后重量的变化，试验结果如下表 6-9。从表中可以看出此复合材料依然保持着极好的耐化学试剂性能，除了浓硫酸，强碱和氢氧化氨外，其在几乎所有的常见化学试剂中都呈惰性。

表 6-9　EN_2 复合材料的耐腐蚀性能

溶液	失重百分比（%）	溶液	失重百分比（%）
H_2SO_4	-24.8	NaOH	-8.8
H_2SO_4	~ 0	CCl_4	0.11
HCl	-0.01	Na_2CO_3	0.002
HNO_3	-3.6	甲醇	0.01
HF	0.06	丙酮	0.04
NH_4OH	-26.9	淡水	~ 0

6.3.5 Ekonol–PTFE–石墨自润滑复合材料的耐磨蚀性能

（1）Ekonol-PTFE-石墨自润滑复合材料的摩擦磨损试验[13-14]

1）摩擦磨损试验

摩擦磨损试验是在上海工业大学机械厂生产的 M-2 型磨损试验机上进行，上下试样的接触方式为如图 6-17 所示的环—环线接触。上试样是由 Ekonol-PTFE-石墨复合材料制成，尺寸为：内径ϕ16 mm，外径ϕ30 mm，宽度 10 mm，试样表面经 600 号水砂纸抛光打磨使 R_a 达 1.6。下试样由 45 钢制成，尺寸为：内径ϕ16 mm，内径ϕ40 mm，宽度 10 mm，表面粗糙度 R_a0.8，热处理 45～50HRC。磨损条件为：负荷 50 N，上试样转速 180 r/min，下试样转速 200 r/min，相对滑动率 40%，室温下干磨损 10 h。

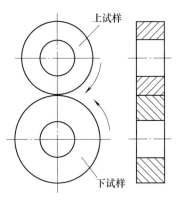

图 6-17　试样的接触方式

摩擦因数可由磨损试验机显示的摩擦力矩再经如下公式计算所得：

$$\mu = \frac{2\,000M}{DP} \tag{6-1}$$

式中，M 为摩擦力矩（N/m）；D 为下试样外径（mm）；P 为试验负荷（N）。

磨损量为试样磨损前后在恒温干燥箱中于 50 ℃干燥 4 h 后，在湘仪天平仪器厂生产的 TMP-2 型电子秤（精度为 0.001 g）上称得的失重。下试样 45 钢圆环经称得其失重为 0。

2）摩擦因数数据采集

摩擦因数随时间的动态变化过程由磨损试验机自带的滚筒和描绘笔自动绘出。磨损随时间的动态变化过程的测量，是通过对 M-2 磨损试验机的改造，在其上安装了一个涡流传感器来实时测量上下试样中心距的变化（即磨损量的变化）。传感器的安装简图如图 6-18 所示，因上试样不导电，所以将其安装在上试样的传动轴上。涡流传感器传出的信号经前置放大器放大后，通过微机多功能接口卡和采集程序，由计算机自动采集数据。采集频率约为 5 Hz，每隔 15 min 采集 300 个点，然后将其取平均，作为该时刻的采集数据。

3）扫描电子显微镜（SEM）观察

试样经在 LDM-1500 型真空喷镀仪中喷金后，再用 KYKY-2800 型扫描电子显微镜对复合材料的微观组织和磨损表面形貌进行观察和分析。

（2）Ekonol-PTFE-石墨自润滑复合材料的摩擦磨损性能

1）摩擦性能

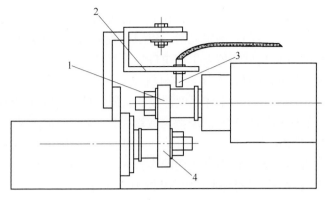

图 6-18　传感器的安装简图

1. 上试样　2. 传感器固定架　3. 涡流传感器　4. 下试样

图 6-19 所示为 Ekonol 质量分数（以下简称含量）与复合材料摩擦因数之间的关系曲线，从图中可以看出复合材料的摩擦因数随着 Ekonol 含量的增加呈现有规律的变化趋势。当 Ekonol 含量低于 20% 时，复合材料的摩擦因数增大幅度较大，当 Ekonol 含量大于 20% 时，其增加幅度就变得较为平缓，但总的来说其摩擦因数都较低，基本上都在 0.19 以下。

表 6-10　复合材料含 Ekonol 不同时的摩擦因数

Ekonol 质量分数（%）	15	20	25	30	35	40
摩擦因数	0.145	0.179	0.182	0.187	0.189	0.191

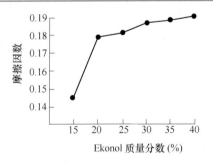

图 6-19　Ekonol 质量分数对摩擦因数的影响

当 Ekonol-PTFE-石墨复合材料在与 45 钢对磨时，摩擦先是在复合材料与 45 钢之间进行，由于此复合材料中的石墨的本体强度较低，黏着作用和对磨件表面的微观粗糙度能使复合材料中的石墨分子很快从本体上滑移下来并吸附于对磨件表面。对 PTFE 来说，摩擦副处温度的升高会使接触区附近的 PTFE 的强度急剧下降，如果摩擦产生的温度达到 PTFE 的雏晶熔点 327℃ 时，PTFE 便会呈熔融状态而迅速分布到摩擦结点上，这样就形成了 PTFE 分子也向对磨件表面的转移。

这种石墨分子和 PTFE 分子的转移就会在对磨件表面很快形成一层 PTFE 和石墨的晶体转移膜,此转移膜的表面很光滑,组织也较致密,其可填平金属表面的凹坑,此后摩擦结点的剪切破坏就发生在 PTFE 黏性膜内部,也就是摩擦副的摩擦只发生在极薄的 Ekonol-PTFE-石墨复合材料与 PTFE 和石墨分子层之间,由于此复合材料中的 PTFE 和石墨的本体强度都较低,所以使得 Ekonol-PTFE-石墨自润滑复合材料与 45 钢对磨时,其总的摩擦因数均很低,同时使金属对磨件不被磨损。

摩擦副之间的摩擦力一般由三部分组成:摩擦表面凸峰的形变阻力 F_d,磨损颗粒及硬质凸峰犁入摩擦表面所产生的犁沟力 F_p,以及表面的平坦部分的黏着切应力 F_a。如果以 F 表示一摩擦副之间的摩擦力,则有:

$$F=F_d+F_p+F_a \qquad (6\text{-}2)$$

高聚物材料的黏着力主要是范德华力或某些氢键的作用,它比金属材料之间的黏着力弱;但当高聚物摩擦材料的磨损表面已经磨合(及凸峰和粗糙部分被磨平),黏着力将是其摩擦力的主要组成部分。此时,变形力 F_d 和犁沟力 F_p 均可以略去不记,即认为:

$$F=F_a \qquad (6\text{-}3)$$

假设摩擦表面之间的实际接触面积为 A_r,且以 τ 表示摩擦副材料间单位面积上的剪切力(切应力),则有:

$$F=A_r \cdot \tau \qquad (6\text{-}4)$$

上式说明一对摩擦副之间的摩擦力主要由它们间的实际接触面积和接触面上的剪切应力决定。由于 PTFE 的长碳链四周为氟原子所包围且没有支链,氟原子的体积与聚乙烯分子中的氢原子相比要大得多,正好无间隙地遮蔽了碳原子上的正电荷,而相邻氟原子上的负电荷由于相斥作用造成分子间的内聚能很低,同时由于 PTFE 一般是由结晶薄片与无序非晶相间的带状结构构成的聚集体,其两相间的结合力较弱,因而在摩擦过程中容易产生滑移,显示了其极低的剪切强度。石墨分子的碳原子也是由六边形的层状结构形式存在,其两层间的分子作用力也很弱,容易产生滑移,因此其剪切强度也极低。而 Ekonol 的本体强度较高,其抗剪切的能力比 PTFE 和石墨都要强得多。在 Ekonol-PTFE-石墨自润滑复合材料中,Ekonol 是一种增强相镶嵌在柔软的 PTFE 基体之中,其可以提高此复合材料的剪切强度。随着 Ekonol 含量的增大,其剪切强度也不断提高,同时因为 Ekonol 的硬度较高,所以随着 Ekonol 的含量在此复合材料中的增加,其与对磨件之间的摩擦也会增大,从而导致此复合材料的摩擦因数随着 Ekonol 含量的增加而呈上升的趋势。

Ekonol-PTFE-石墨自润滑复合材料的制备工艺中的成型压力、烧结温度、保温时间和降温速度对此复合材料的摩擦因数的影响程度均极小(都不到 4%),因此可以认为它们对其摩擦因数没有什么影响，此处就不再讨论他们对此复合材料摩擦因数的影响。

2）磨损性能

表 6-11 是磨损试验所得的数据，从表中可明显看出当 Ekonol 含量为 15%时其失重最多，磨损不到 3 h 就失重 231 mg 占整个试样的 2.28%，说明其耐磨性极差。在 Ekonol 含量为 25%时其磨损失重最少，磨损 10 h 才失重 27 mg 占 0.27%，说明 Ekonol 含量为 25%时其耐磨性最佳。

表 6-11　磨损试验数据

Ekonol 质量分数（%）	15①	20	25	30	35	40
磨损前质量/g	10.116	9.970	9.903	9.808	9.865	9.906
磨损后质量/g	9.885	9.920	9.876	9.772	9.820	9.876
磨损/mg	231	50	27	36	45	30
失重百分比（%）	2.28	0.50	0.27	0.37	0.46	0.30

① 含 15%Ekonol 的磨损为试样磨损不到 3 h 就因试样变形较大，导致试验机振动太大而被迫停机时所得。

图 6-20 所示为 Ekonol 的含量与此复合材料的磨损量（耐磨性）之间的关系曲线，从图中可以看出当 Ekonol 的含量低于 25%时，随着 Ekonol 含量的增大，磨损量呈现急剧下降的趋势，说明随着 Ekonol 的加入其可以显著地提高此复合材料的耐磨性。当 Ekonol 的含量在 25%～35%之间时，随着 Ekonol 含量的增大，其磨损量又略有上升，说明其耐磨性有所下降。而当 Ekonol 的含量高于 35%时，其耐磨性又呈现略有提高的趋势，但是此时的复合材料已经呈现出有一定的脆性，且随着 Ekonol 含量的增加，其脆性还会不断增大。

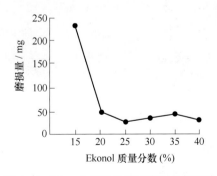

图 6-20　Ekonol 质量分数对磨损量的影响

3）磨损机理探讨

复合材料的晶体结构。图 6-21、图 6-22 和图 6-23 是 Ekonol 含量分别为 15%、25%和 40%的此复合材料的断面的扫描电子显微镜（SEM）照片。从图 6-21 中可清楚地看出，此时的复合材料呈现一片片的片状结构，因 Ekonol 含量较少，从照片上已看不出明显的 Ekonol 颗粒，说明 Ekonol 的小颗粒已经完全嵌入到了柔软的 PTFE 基体之中。又因已知纯 PTFE 本身是由结晶薄片和无序非晶相间的带状结构构成，因此可以说当 Ekonol 含量为 15%，其对 PTFE 的结晶结构的影响还很微弱，此时复合材料的也呈片状结晶结构，也由此可以得出其对 PTFE 的改性效果也不会很理想。

图 6-21 含 Ekonol 为 15%试样端面 SEM 照片（×2 000）

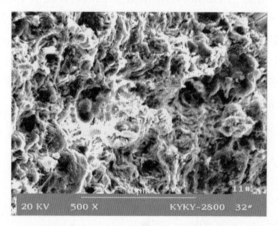

图 6-22 含 Ekonol 为 25%试样端面 SEM 照片（×500）

从图 6-22 中可以极清楚地看出，其结构与 Ekonol 含量为 15%的已经完全不同，此时的复合材料的结晶结构已经看不出呈片状的结构而是呈连续的网状结构，还可清楚地看出填料 Ekonol 的微颗粒较均匀地分布在 PTFE 基体的网状结构之中。这说明此时填料 Ekonol 的加入已经改变了 PTFE 本身的结晶结构，由此也可以得出此时复合材料的性能同 PTFE 相比会有很大的差异，正如实际试验测得的此时复合材料的摩擦因数比纯 PTFE 要稍高，但耐磨性却比纯 PTFE 提高了两个数量级以上。

从图 6-23 上看，其晶体结构与 Ekonol 含量为 15%和 25%的又有着明显的不同。其照片上可清楚地看出其晶体结构既不是呈片状，也不是明显的连续网状，其上可明显地看到有晶体呈颗粒状附着在基体之上。这说明当 Ekonol 含量为 40%时，其基本上已经破坏了此复合材料中的基体 PTFE 晶体的连续骨架结构，而使得复合材料的结晶体呈准连续状。根据聚合物结晶的有关理论当聚合物的结晶体积达到 40%以上时，其结晶体就会彼此接触形成贯穿于整个基体的连续骨架结构，这说明了在 Ekonol-PTFE-自润滑复合材料中当 Ekonol 含量为 40%时，基体 PTFE 的结晶体的体积还占不到总体积的 40%，因此其晶体还不能彼此接触而形成贯穿于整个复合材料的连续状的骨架结构。因为质硬的填料 Ekonol 已经破坏了柔软的基体 PTFE 的连续骨架结构，其相应的也会破坏作为基体的 PTFE 的一些优良性能，所以此自润滑复合材料此时已经显示出有一定的脆性，且随着 Ekonol 含量的进一步增加，其脆性还会不断增大。

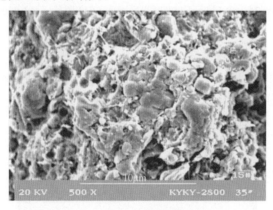

图 6-23　含 Ekonol 为 40%试样端面 SEM 照片（×500）

复合材料磨损后的表面形貌图 6-24 是 Ekonol 含量为 15%时复合材料试样磨损后表面的扫描电镜照片（SEM）。从图上可以看出其磨损十分严重，从其上还可清楚地看到因发生黏着而有材料呈大片从基体上抽出所留下的较大磨痕，且从试验中其磨屑仅用肉眼就可极易看出其是呈薄片状的，说明此时的复合材料在磨损过程中曾发生过严重的黏着磨损。此时复合材料的晶体结构是呈片状分布的，可以得出其片状晶体之间的结合力一定很微弱。

图 6-25 是 Ekonol 含量为 20%时复合材料试样磨损后表面的扫描电镜照片（SEM），从图中也可看出其磨损较严重，其上也有因发生黏着而有材料呈片状从基体中抽出所留下的沟痕，但同图 6-24 相比其磨损已明显要轻微得多，其在沟痕的四周还留有一些白点，说明这些白点与基体材料的结合力比已被抽出的材料与基体材料的结合力要大，因此其在磨损过程可阻止基体 PTFE 的片状脱落，从而

可提高此复合材料的耐磨性，这也是 Ekonol 的加入可以提高复合材料晶体间的结合力的体现。所以此时的复合材料在磨损过程中发生的也是黏着磨损，但比 Ekonol 含量为 15%的要轻微得多。

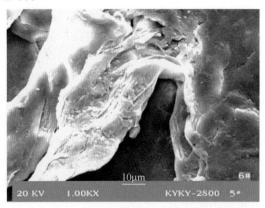

图 6-24　含 Ekonol 15%磨损后表面 SEM 照片（×1 000）

图 6-25　含 Ekonol 20%磨损后表面 SEM 照片（×2 000）

图 6-26 是 Ekonol 含量为 25%时复合材料试样磨损后表面的扫描电镜照片（SEM），从图中可看出其表面比图 6-24 和图 6-25 要平整得多，其磨损也要轻微得多，说明此时的复合材料的耐磨性比前两种配比的复合材料都要好。从图中还可看出其磨损表面上有一条典型的因疲劳而留下的磨痕（左上角）和一个轻微的黏着磨坑（右下角），说明此时复合材料的磨损形式为轻微的黏着磨损外加一定的疲劳磨损。

图 6-27 是 Ekonol 含量为 30%时复合材料试样磨损后表面的扫描电镜照片（SEM），从图中可看出其磨损也较轻微，其表面上只有几条较轻微的沟痕，这些沟痕可能是由于磨损过程中从复合材料上脱落下来的 Ekonol 硬质磨粒在摩擦面上对复合材料的刮伤而造成的。

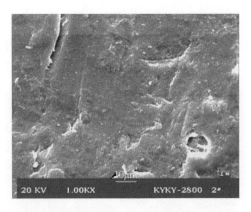

图 6-26　含 Ekonol 25%磨损后表面 SEM 照片（×1 000）

图 6-27　含 Ekonol 30%磨损后表面 SEM 照片（×2 000）

图 6-28 是 Ekonol 含量为 35%时复合材料试样磨损后表面的扫描电镜照片（SEM），从图中可以看出其表面也比较平整，磨损也是较轻微的，其上只有一些较轻微的剥落坑，这可能是由于摩擦过程中材料的疲劳外加轻微的黏着而导致材料从基体上脱落所留下的。

图 6-29 是 Ekonol 含量为 40%时复合材料试样磨损后表面的扫描电镜照片（SEM），从图中可看出其表面上有一个因材料呈大块脱落而留下的剥落坑，这说明此时的复合材料在磨损过程中发生的主要也是疲劳磨损。

对前面的摩擦磨损性能以及用扫描电子显微镜对 Ekonol-PTFE-石墨自润滑复合材料的晶体结构和磨损后表面形貌观察进行综合分析，得出以下结论：由于纯聚四氟乙烯本身是由结晶薄片与无序非晶相间的带状结晶结构构成的聚集体，其两相间的结合力较弱，且因 PTFE 较柔软，强度低，在摩擦过程中由于黏着作用而极易使 PTFE 的带状结构发生破坏，导致其两相间的片状脱落，使得其耐磨性极差。而 Ekonol 则是一种质地较硬且脆的结晶高聚物，在 Ekonol-PTFE-石墨自润滑复合材料中，Ekonol 是一种颗粒增强相镶嵌在柔软的 PTFE 基体之中，其可提高此复合材料的强度和硬度，因而可明显地提高其抗黏着能力，同时质硬的 Ekonol 在复合材料中可承担大部分外载荷，从而可提高此复合材料的耐磨性。

图 6-28 含 Ekonol 35%磨损后表面 SEM 照片（×2 000）

图 6-29 含 Ekonol 40%磨损后表面 SEM 照片（×2 000）

当填料 Ekonol 的添加量还较少（如 15%）时，填料 Ekonol 较分散地分布在基体 PTFE 中，此时复合材料的结晶体也以结晶薄片与无序非晶相间的带状结构存在，其两相间的结合力仍较弱，在与 45 钢对磨的过程中，因基体 PTFE 晶体上分布的 Ekonol 还较少，还不能有效地承担外载荷，使得 PTFE 基体直接与对磨件发生黏着，然后在进一步的摩擦中复合材料的片状晶体在其两相之间发生滑移，并迅速导致晶体呈片状地从复合材料中抽出，结果会留下较大的黏着磨痕，因此其耐磨性也很差，磨损机理表现为严重黏着磨损。当填料 Ekonol 的添加量继续增大时，附着在 PTFE 片状晶体之上的 Ekonol 就会增多，其就会在摩擦过程中阻止复合材料结晶体的片状间的滑移，从而其耐磨性也会得到一定的提高。

　　当填料 Ekonol 的添加量继续增大达到适当的程度（如 25%）时，填料 Ekonol 在此复合材料中就可以有效地阻止 PTFE 基体在结晶过程中形成片状结晶结构，但同时又可以保持基体 PTFE 的结晶体形成连续状的贯穿于整个复合材料的网状骨架结构，而质硬的 Ekonol 就较均匀地分布在 PTFE 晶体的网状结构之中。这样就可以保证整个复合材料在具有一定的弹性的条件下，又可使其中的 Ekonol 在摩擦过程中来有效地承担大部分外载荷，同时因 Ekonol 有着较好的耐磨性和耐高温性（可达 400℃ 以上），因此其可有效地提高此复合材料的抗黏着能力，进而极大地提高其耐磨性（此时的耐磨性比纯 PTFE 可以提高两个数量级以上），其在磨损过程中的磨损形式也表现为轻微的黏着磨损外加一定的疲劳磨损。

　　当填料 Ekonol 的添加量进一步增大时，复合材料的强度和硬度就会不但地增大，其抗黏着磨损的能力也在不断提高。而当 Ekonol 的含量达到 40% 时，由于这时的 Ekonol 已经很多，其在此复合材料中不仅阻止了基体 PTFE 在结晶过程中形成片状晶体结构，而且也使得在整个复合材料中，基体 PTFE 的结晶体的体积太少而不能彼此接触，也就形成不了贯穿于整个复合材料的连续网状的骨架结构，因此复合材料中的晶体也将以准连续状存在，复合材料基体的良好弹性就会被破坏而表现出 Ekonol 的脆性。当此复合材料试样与 45 钢对磨时，在周期性的交变应力的作用下，起初最大应力集中在接触表面下的一个小距离处，在此处材料由弹性进入塑性。因为此复合材料中的 PTFE 较柔软而 Ekonol 较硬，所以其塑性区就可能发生在 PTFE 和 Ekonol 的界面处，当受到的应力继续增大并呈周期性的变化时，表面下塑性区域的体积就会增大直至在 PTFE 和 Ekonol 的界面处形成裂纹，裂纹的扩展导致 Ekonol 硬颗粒甚至连同 PTFE 基体一起从复合材料表面剥落，形成材料的疲劳剥落破坏。

参 考 文 献

[1] 李健, 高万振, 卢进玉. 我国的水力发电与摩擦学问题. 工程前沿第 2 卷—摩擦学科学与工程前沿[M]. 北京: 高等教育出版社, 2005.

[2] 刘易斯. 采用快速成型方法修复转轮空蚀破坏[J]. 水利水电快报, 2012, 33(3): 34-36.

[3] 高家诚, 孙玉林. 水轮机过流部件用材料的抗磨蚀技术措施[J]. 腐蚀与防护, 2004, 25(8): 355-358.

[4] 陈名华, 陈勇, 胡进. $n-Al_2O_3$ 和 MoS_2 填充环氧树脂涂层耐冲蚀磨损的性能及应用研究[J]. 煤矿机械, 2007, 28(7): 162-164.

[5] 马光, 樊自拴, 孙冬柏, 等. AC-HVAF 喷涂 Ni60/WC 复合涂层微观组织及冲刷磨损性能研究[J]. 有色金属: 冶炼部分, 2006(增刊): 19-22.

[6] 龚在礼, 熊宇. 水轮机过流部件空蚀分析及预防[J]. 水力发电, 2011, 37(3): 53-55.

[7] 黄育敏, 张雨霖. 水轮机汽蚀修复与防护措施[J]. 江西发电, 2009, 33(1): 23-25.

[8] 李小亚, 闫永贵, 马力, 等. 焊态镍铝青铜的空蚀腐蚀性能[J]. 上海交通大学学报, 2004, 38(9): 1464-1467.

[9] 庞佑霞, 许焰, 张昊, 等. 微/纳米复合涂层的抗冲蚀磨损性能[J]. 材料工程, 2013, 41(9): 60-63.

[10] 许焰, 庞佑霞, 张昊, 等. 微/纳米复合涂层的耐空蚀性能[J]. 材料保护, 2013,46 (5): 24-26.

[11] 龙春光, 张厚安, 庞佑霞, 等. Ekonol/G/MoS$_2$/PEEK 复合材料的制备和正交试验研究[J]. 机械工程材料, 2003, 37(10): 17-19.

[12] 龙春光, 刘月花, 张厚安, 等. PEEK 多元复合材料的制备和摩擦学性能[J]. 湘潭矿业学院学报, 2003, 18 (2): 48-51

[13] 刘厚才, 庞佑霞, 郭源君. Ekonol 对 Ekonol—石墨—PTFE 自润滑复合材料的摩擦学性能的影响[J]. 润滑与密封, 2001, 26(2): 39-41.

[14] 刘厚才, 庞佑霞. Ekonol—PTFE—石墨自润滑复合材料的磨损性能研究[J]. 润滑与密封, 2000, 25 (3): 52-56.